低饱和度油层岩石物理特征与测井评价方法

刘国强　袁　超　等著

石油工业出版社

内 容 提 要

本书介绍了低饱和度油层地质成因、机理及其发育规律、储层特征、测井响应特征、关键储层参数精细建模、流体识别方法、油水同层细分标准以及针对性的测井采集设计，建立了完整的低饱和度油层测井评价技术体系。结合低饱和度油层发育区块的典型实例，论述了该类油层的评价思路和分析过程。

本书可供从事石油地球物理测井领域管理及技术人员参考，也可作为高等院校相关专业师生参考使用。

图书在版编目（CIP）数据

低饱和度油层岩石物理特征与测井评价方法 / 刘国强等著 . —北京：石油工业出版社，2024.4
ISBN 978-7-5183-5973-8

Ⅰ . ①低… Ⅱ . ①刘…②袁… Ⅲ . ①油层 – 岩石物理学②油层物性 – 测井分析 Ⅳ . ① TE311

中国国家版本馆 CIP 数据核字（2023）第 066524 号

出版发行：石油工业出版社
（北京安定门外安华里 2 区 1 号　100011）
网　　址：www.petropub.com
编辑部：（010）64523736
图书营销中心：（010）64523633
经　　销：全国新华书店
印　　刷：北京中石油彩色印刷有限责任公司

2024 年 4 月第 1 版　2024 年 4 月第 1 次印刷
787×1092 毫米　开本：1/16　印张：12.25
字数：288 千字

定价：150.00 元
（如出现印装质量问题，我社图书营销中心负责调换）

《低饱和度油层岩石物理特征与测井评价方法》
主要作者名单

刘国强　袁　超　侯雨庭　张审琴

殷树军　李　霞　刘忠华　司兆伟

低饱和度油层指成藏不充分或后期水淹作用所导致的含油饱和度较低的油层，其含油饱和度一般为 30%~55%。此类油层的储集空间中油、可动水与束缚水共存，油水渗流共渗区间窄，试油试采过程中常油水同出，产液差异大，解释符合率低。低饱和度油层广泛分布于松辽、鄂尔多斯、渤海湾、准噶尔、柴达木和吐哈等我国主要含油气盆地的中浅层系中，但一直未引起重视。大量生产实践表明，相当多的油水同层可获得工业油气产量，经济效益好，已成为新区精细勘探和老区挖潜的重点目标，具有十分重要的勘探开发价值。

　　然而，低饱和度油层的"四性"（岩性、物性、电性和含油性）关系复杂，油水同层与水层电性特征相近，常用的流体识别图版上难以划分出油层、油水同层与水层，尤其是不能确定可产工业油流的低饱和度油层，测井评价技术面临较大挑战。同时，低饱和度油层是一种非常重要但未被重点研究的油藏，面临成因机理不清楚，国内外无可借鉴的思路、方法与标准，缺乏相应的评价软件等一系列问题，这就需通过深入而系统的技术攻关研究，逐一建立评价方法，形成配套成熟的评价技术体系。

　　为此，从"十三五"开始，中国石油油气和新能源分公司（原勘探与生产分公司）设立测井攻关研究专题，组织大庆油田、长庆油田、青海油田、辽河油田、新疆油田、华北油田、吐哈油田、冀东油田、勘探开发研究院及中国石油集团测井有限公司（简称"中油测井"）等 10 余家单位联合攻关，历时近 10 年持续推进，历经探索研究、深化研究和规模应用三个阶段，取得一系列创新成果，主要有：揭示了低饱和度油层成因机理并建立分类方法，创建了基于常规测井和成像测井的一系列流体识别新方法与新标准，建立了自然生产和压裂生产条件下含水率和产能等关键参数高精度新模型，首创了油水同层细分方法与标准等，原创性地构建了完整、成熟、配套的低饱和度油层测井评价技术体系。与此同时，及时推进有形化研发工作，在新一代测井软件平台 CIFLog 上研发形成了低饱和度油层处理解释软件模块系统，在勘探开发梦想云平台搭建了"低饱和度油层测井评价"应用场景，实现了软件自主创新，为成果规模推广打造了关键技术手段。

　　十年磨一剑。低饱和度油层测井评价技术体系已然建立并实现了工业化应用，填补了国内外测井学科技术空白，生产成效显著，经济效益与社会效益明显，已成为中国石油的主打技术。由中国工程院院士李宁及来自中国石油天然气集团有限公司（简称"中国石油"）、中国石油化工集团有限公司（简称"中国石化"）、中国石油大学（北京）、中国石油大学（华东）等单位的9位著名地质和测井专家组成的科技成果鉴定会，一致鉴定该项科技成果整体达到国际领先水平，经济效益、社会效益显著，推广应用前景广阔。国际岩石物理学家与测井分析家学会（SPWLA）技术委员会资深委员周强、斯伦贝谢公司全球首席科学家郭洪志、中国石化测井首席专家李军等给予该项成果高度肯定，一致认为，国内外均未见到相关应用，为中国石油首创技术，具有巨大的生产应用前景，建议加强推广应用力度。该项研究成果被评为2021年"中国石油十大科技进展"，并获得2023年度中国石油天然气集团有限公司科学技术进步奖一等奖。

为了更好地促进低饱和度油层测井评价技术体系得到广泛应用，在新区精细勘探和老区剩余油挖潜等上游业务提质增效中贡献更大的测井力量，笔者将这些成果进行了系统的总结提炼，编著成书正式出版。本书系统总结了低饱和度油层测井评价方法、技术与标准，并以典型实例介绍了技术的具体应用。全书共分八章，第一章主要介绍了低饱和度油层测井评价的问题提出、技术挑战、技术思路、取得的主要成果及技术展望；第二章讨论了低饱和度油层成因类型与机理及其分布规律；第三章阐述了低饱和度油层的主要特点及其"四性"关系即储层特征；第四章着重论述了油水两相相对渗透率的岩石物理特征及其计算方法；第五章重点论述了束缚水饱和度、可动水饱和度，以及自然生产和压裂生产条件下含水率和产能等关键参数计算方法；第六章论述了油水同层细分方法与标准；第七章介绍了岩石物理实验与测井采集设计；第八章介绍了技术应用的典型实例与应用效果分析。各章节内容既相互独立，又环环相扣、逐步递进，相信这些基于生产实践并在实践中得到广泛应用的研究成果，将更好地服务于实践，在低饱和度油层评价中发挥关键技术作用。

本书撰写历时三年多，集中修改讨论20余次，7次易稿，主要编写人员有刘国强、袁超、侯雨庭、张审琴、殷树军、李霞、刘忠华和司兆伟等，参与编写人员有郭浩鹏、马宏宇、周金昱、程相志、陈文安、谢伟彪、李郑辰、于伟高、李辉、陈杰、陈敬、刘兴周、苏静、张浩、杨兵、赵启蒙和罗富良等。全书由刘国强和袁超统一修改定稿。

在本书编写过程中，得到中国石油郑新权、李国欣和何海清等领导，以及大庆油田、长庆油田、塔里木油田、青海油田、新疆油田、辽河油田、华北油田、吐哈油田、冀东油田、勘探开发研究院和中油测井等单位有关领导的大力支持，在此，谨向参与和支持本书编写的所有人致以衷心感谢。

本书虽经多轮次讨论修改，但由于涉及的许多方法与技术具开创性，其中难免存在不足，敬请读者批评指正。

CONTENTS   目　录

第一章 绪 论

随着中国油气工业勘探开发领域的不断拓广拓深，其主要工作对象已实质性地转变为"深地、低品位、非常规、海洋"等难动用的地质体。其中，"低品位"即为低品位常规油气藏，包括低幅度构造带、油水过渡带、远距主力烃源岩、高采出程度和高含水等类型油藏。此等油藏的一个显著共性是其储集空间中油水共存，含油饱和度低，即低饱和度油层。

低饱和度油层是指成藏不充分、后期水淹作用和钻井液侵入作用等因素所致含油饱和度较低的油层，其值介于30%~55%。低饱和度油层原始油藏的储集空间中油、可动水与束缚水（毛细管束缚水和黏土束缚水之合称，其中，毛细管束缚水在生产压差较大或压裂改善渗流通道等条件下可流动产出，黏土束缚水在物理条件下不可动，除非以加热等化学作用汽化析出方为可动）共存，油水两相渗流共渗区间较宽，水相相对渗透率上升较快，试油试采过程中常表现为油水同出，无水采油期少见，与常规油层存在明显差异。需要特别指出的是，相当一批低饱和度油层可获得工业产量，开发经济效益好（但其产水率可能较高、产水量较大）。

低饱和度油层广泛发育于中国各含油气盆地，量大面广，是精细勘探和效益开发的极其重要领域，应高度重视。但十多年来，国内外学者及勘探开发工作者均没有认识到低饱和度油层的重要性，尤其是未将其作为一类特有的油藏进行重点研究与系统解剖，更难寻觅公开发表的相关研究成果和技术文献，国内外没有可借鉴的测井评价技术思路、评价方法与标准，属于技术空白区。因此，低饱和度油层是一类非常重要但未被重点研究的油藏，应在技术空白的基础上，创新研究低饱和度油层测井评价技术，研究其成因机理、评价方法与评价标准，差中选优地发现其"甜点"段和"甜点"区，大力支持新区新井油气发现和老区老井油气潜力挖掘，为增储上产做出积极贡献，助力油气上游业务提质增效。

第一节 测井评价面临的主要技术挑战

系统分析中国石油天然气集团有限公司（简称"中国石油"）主要含油气盆地发育低饱和度油层的典型区块，可知其成因复杂、类型多样。不同成因机理导致低饱和度油层的"四性"关系（岩性、物性、含油性和电性之间的相互关系）复杂，且不同区块不同层系的差异明显，测井解释多解性大，评价难点多。如图1-1-1（a）所示，松辽盆地长垣外围的油层、油水同层与水层电性特征相近；由图1-1-1（b）可知，常用的电性—物性（声波时差）识别图版上难以划分出油层、油水同层与水层。

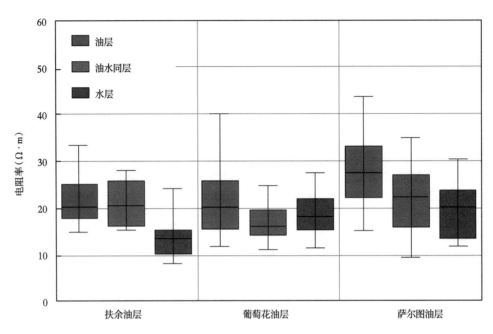

(a) 松辽盆地长垣外围不同油组不同类型流体的电阻率分布

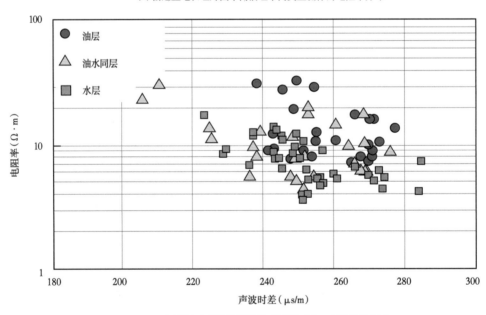

(b) 鄂尔多斯盆地西部长 8 段声波时差—电阻率交会图

图 1-1-1　低饱和度油层的电性—物性特征

如图 1-1-2 所示，鄂尔多斯盆地同一区块两口探井尽管两者的试油层段测井"四性"关系基本相同，测井计算的孔隙度、含油饱和度几乎相等，W438 井日产油 6.63t/d、无水，H237 井则产油花、水 15.5m³/d，两者产液性质存在本质差别。由此可见，"四性"关系与产液间的矛盾大。

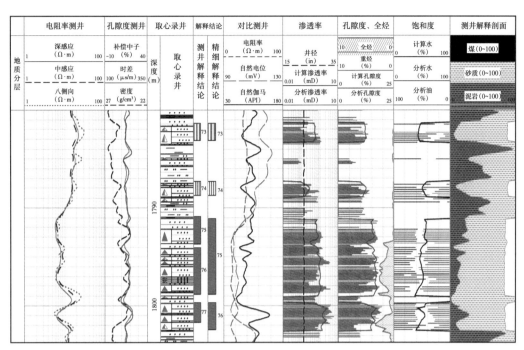

（a）W438井"四性"关系特性

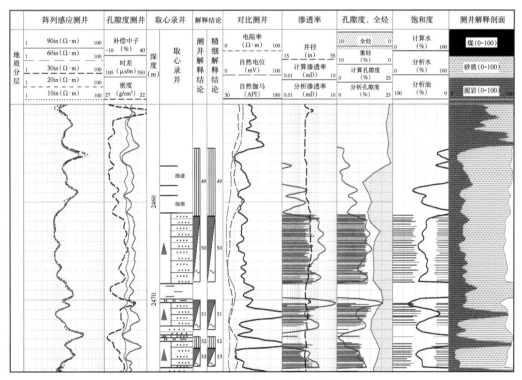

（b）H237井"四性"关系特性

图 1-1-2 鄂尔多斯盆地长 6_1 测井解释成果图

图 1-1-3 的"四性"关系与 MDT 光谱分析表明：（1）A 点～E 点间的"四性"关系特征基本一致，解释结论应相近，但 MDT 的解释含油性差异大；（2）油水关系复杂，在 30m 的层段上，油层和水层叠置出现，且未见明显的隔层，经典的"上油下水"油藏模式难以解释。

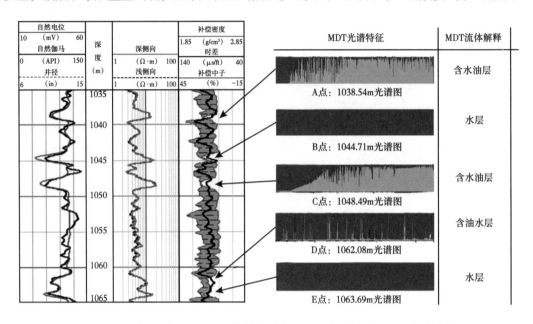

图 1-1-3　松辽盆地 PU482-2 井葡萄花油层"四性"关系与 MDT 流体分布

正是由于低饱和度油层的"四性"关系复杂，并且没有相应的评价方法、识别图版与标准，所以一直以来低饱和度油层的解释符合率低（50% 左右）。如图 1-1-4 所示，2014 年中国石油 1521 口探井（含部分评价井）试油层的一次解释中有 1280 层不符合。其中，与油（气）水同层相关 799 层，占比 62.4%，大量存在的同层误解释是制约测井解释符合率提高、试油成功率提升的主要矛盾。而且，高解释（占比 82.6%）与低解释（占比 17.4%）同存，问题复杂，技术挑战大。如这 799 层均按单独试油算，则可减少年度无效试油费用（估计 3 亿元以上）。由此可见，准确解释油水（气）同层和水层对提高解释符合率、提升试油成效意义重大，尤其是能有力支持勘探及时发现。

试油结论 测井解释	工业油层/ 气层	油水/气水 同层	低产油层/ 气层	水层	干层	
油层/气层		207	114	92	32	
油水/气水同层	41		31	363	59	
差油层/差气层	52	90		114	43	图例
水层	0	3	2		1	▨ 符合区
干层	18	5	5	8		□ 高解释矛盾区 ▦ 低解释矛盾区

图 1-1-4　2014 年中国石油探井试油层测井解释不符合层分析

低饱和度油层解释符合率低，主要是因为存在四个方面的技术挑战：

一是低饱和度油层是一种全新类型的油层，国内外无可借鉴的评价思路与技术路线，评价重点内容不知。

二是低饱和度油层成因类型多样，机理不知，"四性"关系十分复杂且不同成因的低饱和度油层差异较大，国内外无针对性的流体识别方法。

三是低饱和度油层产液性质复杂多样，产油量和产液量差异大，现有解释标准不能区分是否为产工业油气流的油水同层，即无油水同层精细解释方法与标准，导致试油层优选针对性不强，或者漏失具有工业油流的油水同层，或者对不具备工业潜力的油水同层实施试油措施，制约试油成功率的提升，增加了试油成本和周期。

四是没有低饱和度油层评价的处理解释软件，缺乏软件工具。

上述技术挑战可概述为"四无两不知"。

第二节 测井评价技术思路

鉴于低饱和度油层勘探开发的重要性及其测井评价所面临的"四无两不知"技术挑战，面对技术空白区，只能走自力更生、攻坚克难的技术探索研究之路。为此，从 2014 年开始，借助于中国石油测井技术攻关平台，油气和新能源分公司（原勘探与生产分公司）特将低饱和度油层勘探开发立为研究专题，组成由大庆油田、长庆油田、青海油田、华北油田、吐哈油田、冀东油田、勘探开发研究院和中油测井公司等单位的精兵强将联合攻关，持续研究近十年，历经探索研究（2014—2015 年）、强化研究（2016—2019 年）与规模推广（2019— ）等三个阶段，累计投入 200 余人。

攻关过程中，专题组本着"摸着石头过河"的探索精神，按照首次提出并不断迭代完善的技术思路（图 1-2-1），做精做细顶层设计：

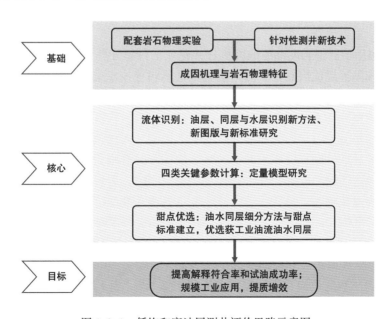

图 1-2-1 低饱和度油层测井评价思路示意图

（1）深入开展激光共聚焦、核磁共振、稳态法相渗和高压压汞等系统配套的岩石物理实验，关键井录取核磁共振、元素全谱和介电扫描等成像测井新技术资料。

（2）深入解剖重点井的测井响应特征和"四性"关系，结合构造、成藏、水动力活动及试油试采生产等方面动静态信息，研究低饱和度油层的成因机理及其分布规律。

（3）注重研究岩电特征、"四性"关系特征、孔隙结构特征、相渗特征和地层水特征等5类主要特征，提出以评价孔隙结构和识别地层水为核心的新思维，研究油层、油水同层和水层的测井识别新技术、新图版和新标准。

（4）重点研发束缚水和可动水饱和度、油相和水相渗透率、含水率和产能级别预测等4类关键参数计算模型，为低饱和度油层测井定量评价奠定基础。

（5）建立油水同层细分方法，优选可产工业油流同层（即"甜点"），分析"甜点"段与"甜点"区分布，有力支持新井精细解释与老井再评价。

攻关过程中，以鄂尔多斯盆地陕北与陇东的延长组长3段、延安组及环西—彭阳地区延长组长8段、松辽盆地西斜坡萨尔图油层与葡萄花油层、渤海湾盆地蠡县斜坡带沙一段和南堡2号构造东营组、柴达木盆地风西地区 N_1—N_2^1 及吐哈盆地红台地区西山窑组等领域的低饱和度油层为重点研究对象，专题组分工协作，解决了一系列的技术难题，通过实践、研究、再实践、再研究的迭代方式不断完善发展评价方法与技术，并将技术成果及时应用于新井解释和老井再评价等勘探开发生产，取得了一大批创新技术成果，生产成效显著。

第三节　测井评价技术主要成果和应用成效

一、主要成果

"十年磨一剑"，历经近十年的开创性研究，建立了系统配套成熟的低饱和度油层测井评价技术体系，主要包括：

（1）首次揭示了低饱和度油层成因机理并建立了科学分类方法。

针对低饱和度油层成因复杂、测井响应机理不明等技术难题，开展了大量的激光共聚焦、核磁共振和相渗等系统配套实验研究，系统提出了烃源供给能力弱和孔隙结构差等微观因素所导致的成藏不充分是低饱和度油层的根本成因，构造幅度低和单层厚度薄等宏观因素所导致的油水分异差是低饱和度油层的基本成因，而成藏后天然水淹作用和近井带钻井液侵入作用等后期外源水破坏所导致的含油饱和度降低则为次生成因。前两者为内在成因，油藏的天然含油饱和度低，油水共存于储集空间中；后者为外在成因，将原本含油饱和度高的油藏改造调整为低饱和度油层，或者将低饱和度油层的含油饱和度变得更低。至此，不仅揭示了低饱和度油层的成因机理，而且将其进行了科学分类。

基于这些成因研究，可以预测低饱和度油层主要分布于低幅度构造带或圈闭、距主力烃源岩远（包括纵向距离和横向距离两个方面）的区块、厚度薄品质差的储层、油水过渡带等内在成因所致的低饱和度油层，而天然水淹（与"通天"断层或断裂有关）波及区、后期开发注水作用波及区及钻井液强侵入近井带等外在成因所致的低饱和度油层。低饱和度油层的分布特点与其成因类型密切相关。

（2）创建了低饱和度油层测井识别新技术与新标准。

低饱和度油层"四性"关系复杂，以孔隙度—电阻率交会图版为主的常用流体识别方法适用性差，长期以来解释符合率较低（60%左右），流体准确识别一直是技术瓶颈。为此，根据低饱和度油层的成因机理研究成果，提出以评价孔隙结构和识别地层水为核心的新思维，建立一系列流体识别新技术，主要包括：

①以常规测井资料为基础，基于岩石物理实验及测井响应聚类规律，研发了基于岩石物理相分类体系的相控流体识别技术。

②从电阻率测井和自然电位测井分别提炼含油性和含水性指示敏感参数，构建了双视地层水电阻率（R_{wa}）油层识别技术，通过对比此两类R_{wa}的相对大小关系，识别出流体类型。

③在高矿化度地层水背景下，油层与水层的热中子俘获界面Σ差异大（可达6倍左右），而元素测井可测取Σ数据但一直未为测井评价所用，可挖掘其中所蕴含的流体信息。为此，研究处理算法反演Σ、钻井液与岩性的Σ校正方法及Σ与饱和度的量化关系等，创建了基于热中子俘获截面的含油性指数流体识别技术。

④首创了基于3D打印的多矿物骨架介电常数测量技术，克服了传统树脂粘接人造岩心和天然岩心的组分复杂性对测量精度的不可控；基于核磁共振测井的T_2谱特征及其孔隙结构评价，提出了介电扫描测井饱和度反演模型的优选方法；基于介电扫描的总含水孔隙度反演方法研究、核磁共振束缚水孔隙度及总孔隙度计算方法研究，创建了三孔隙度融合法、总孔隙度—介电常数交会法以及可动孔隙含油指数法的流体识别技术。

通过上述这些流体识别新技术的配套应用，低饱和度油层测井解释水平得到本质提升，解释符合率提高了20~25个百分点，实现了从"多解性到唯一性"的本质性跃迁。

（3）研发了中高/中低孔渗储层相对渗透率及静态与动态含水率测井计算新方法。

一方面，低饱和度油层油水共存，其产油量受控于油、水两相渗流特征即相对渗透率和含水率，但不同区块的储层岩性、物性与孔隙结构特征差异大，缺乏适用的高精度相对渗透率与含水率计算方法。为此，深入开展稳态法相渗—核磁共振—压汞等岩石物理配套实验研究，首次建立了中高孔渗和中低孔渗储层的油、水两相相对渗透率测井计算模型，提出了自然生产条件下考虑生产压差、原油黏度和饱和度等多参数的静态含水率计算方法。另一方面，考虑到大量的低饱和度油层渗透率低，需压裂改造获取工业产能。为此，深入研究压裂液注入过程和返排生产过程的渗流特征，首次提出并建立了综合储层孔渗、饱和度、原油黏度和孔隙压力等静态参数及压裂液注入速度、时间和压差等压裂施工参数的动态含水率预测模型，有效解决了动态含水率难以预测且精度差的瓶颈问题。松辽盆地13口井常规试油验证，静态含水率平均相对误差2.44%；鄂尔多斯盆地西部53口井压裂试油资料验证，动态含水率绝对误差低于6%。

（4）原创性地提出了油水同层细分方法与标准。

勘探开发生产中，迫切需要准确优选出产工业油流的油水同层，但国内外无可借鉴的方法与标准。通过专题攻关研究，创新地构建了基于含油体积、含水率和产油量等三类参数的油水同层精细分类方法，准确识别出具有工业产能的油水同层，变革了长期以来仅笼统解释油水同层的传统做法，在国内外率先实现了油水同层的精细解释与分类评价，差中找优地发现"甜点"段，奠定了试油选层的科学性，提高试油成功率，为新井油气发现和老区开发方案调整提供科学依据，提升了低饱和度油层的增储增产经济价值。

二、应用成效

截至 2022 年底，低饱和度油层评价技术体系已在中国石油规模推广应用，在松辽、鄂尔多斯、渤海湾、柴达木、准噶尔和塔里木等盆地 20000 余口探井与开发井中规模应用，解释符合率由攻关前的 55% 左右提高至 80% 以上，有力支持了大庆、长庆、青海和冀东等油田低饱和度油气层领域的十亿吨级三级储量提交。近三年来，减少试油 700 余层，直接节约工程费用 3 亿元以上，有效支撑了油田增储上产和降本增效。具体体现如下：

（1）在松辽盆地北部西斜坡、鄂尔多斯盆地彭阳、柴达木盆地英西地区助力发现了一批工业油流井，累计发现工业油层 1700 余层、累计厚度 4200 余米，实现了勘探发现突破。

（2）该技术系列有力支撑了大庆、长庆和青海等油田的增储增产：

大庆油田宋芳屯、徐家围子等地区的萨尔图、葡萄花、萨葡夹层，2017—2022 年累计提交 55 个区块新增常规油预测地质储量 10333×10^4t、新增控制地质储量 10085×10^4t、新增探明地质储量 20974.74×10^4t，折新增石油探明技术可采储量达到 5347.58×10^4t；

长庆油田孟 20、罗 330 等 49 个区块，累计提交石油探明地质储量 28223.42×10^4t，提交石油控制地质储量 30098.39×10^4t，提交石油预测地质储量 25949×10^4t，累计新增石油探明技术可采储量 8842.12×10^4t；

青海油田英西、南翼山和花土沟等 9 个区块应用该成果已累计提交石油探明储量 12932.28×10^4t，溶解气储量 150.95×10^8m³，控制石油储量 11544×10^4t，溶解气储量 104.2×10^8m³，预测石油储量 10037×10^4t，溶解气储量 27.44×10^8m³，折探明技术可采储量 2417.12×10^4t。

2017 年以来，上述三家油田应用该技术累计增油 877.75×10^4t，增产成效显著。

（3）在一体化产能建设及降本增效等方面成效显著，累计增油 25×10^4t、增气 1600×10^4m³、减少试油 700 余层，直接节约工程费用 3 亿元以上。

（4）在 2022 年中国石油组织的规模化老井再评价专项工作中，低饱和度油气层测井评价技术发挥了十分关键作用。针对大庆长垣萨零组、长垣外围葡萄花和扶余油层，鄂尔多斯盆地西部长 3 以上，塔里木轮南三叠系以上和塔中石炭系，准噶尔西部坳陷八道湾及中浅层，吉林大情子井青二、三段和新立油田泉三、四段，大港板桥—北大港构造带和孔店构造带沙河街组，柴达木尕斯中浅层和花土沟油藏等重点目标区块和层系开展老井复查 19954 口井，优选潜力层 3660 层，实施措施层 591 层，措施成功率 84.4%，新增石油探明储量 1302×10^4t，增产油 10.62×10^4t，增储增产成效突出，实现"零进尺"增储和"低投入"增产，生产实效显著。

第四节　技术展望

如前所述，历经近十年的技术攻关，已建立了较为配套完整的低饱和度油层测井识别与评价方法，但由于低饱和度油层评价是个全新技术领域，仍需持续研究，解决尚未解决的一些重要问题，这主要体现在如下四个方面：

（1）低饱和度油层的成因机理量化评价：低饱和度油层的成因机理目前仅从岩石物理和储层地质等方面进行定性和半定量分析，但这些成因的内在必然联系与定量关系仍需进一步厘清与深化研究，建立油藏原始条件下的含油饱和度预测模型，据此更好地掌握低饱和度油层的分布规律。

（2）关键参数计算模型的通用性提升：诸多关键参数的计算模型（如压裂改造条件下含水率计算和产能预测模型）是基于实验分析数据和试油试采资料刻度下建立的相关公式，具有较强的地区经验性，制约其广泛的推广与工业化应用。应通过岩石物理与理论方法融合研究，建立普适性的静态和动态计算模型。

（3）老油区低饱和度油层的评价方法建立：目前，所研发的技术与方法主要侧重于成藏原始状态下的低饱和度油层研究，需在此基础上，基于油藏赋存静态规律与注采动态信息的融合研究，建立针对性长期注采作用下所形成的低饱和度油层（即剩余油）评价方法与技术，包括测井采集系列及其应用方法。

（4）低饱和度油层"甜点"分布规律研究：基于单井的油水同层精细解释，借助于人工智能技术深入开展多井综合评价，研究油藏成藏模式，指导"甜点"分布规律研究，提升新井部署和老区挖潜的技术支持力度，为增储增产发挥出更大的作用。

该技术体系的研究对象均为陆相碎屑岩和混积岩低饱和度油层，对于海相碳酸盐岩低饱和度油层，其适用性需在生产中应用验证。

该技术体系与人工智能大数据分析技术的融合尚处于探索阶段，鉴于中国石油已钻探完成50余万口井，其中大量井可能钻遇低饱和度油层。为充分挖掘这些老井所蕴含的巨大增储增产价值，需研发以该技术体系为基础的人工智能大数据分析技术，提高测井解释评价的时效和质量。

第二章　低饱和度油层成因机理分析

　　系统分析中国石油主要含油气盆地低饱和度油层的典型区块，可知其成因复杂、类型多样，不同成因机理造成的低饱和度油层的"四性"关系复杂、差异明显，测井解释多解性大、评价难点大。成因研究是低饱和度油层测井评价的基础。为此，本章结合具体实例着重论述其形成机理与成因类型，并据此进一步预测其主要发育区块与分布规律。

　　低饱和度油层的成因可分为内在成因和外在成因，内在成因主要体现为导致早期成藏不充分的因素，使得油水共存于储集空间中，形成低饱和度油层；外在成因则主要指将原本含油饱和度高的油藏改造调整为低饱和度油层，或者将低饱和度油层的含油饱和度变得更低的因素。具体地区的低饱和度油层主要成因可包括所有内在成因和／或外在成因的之一或之二。

　　基于成因机理的深入研究，可以预测低饱和度油层主要分布于低幅度构造带或圈闭、距主力烃源岩远（包括纵向距离和横向距离两个方面）区块、厚度薄品质差储层、油水过渡带等内在成因所致的低饱和度油层，及天然水淹（与"通天"断层或断裂有关）波及区、后期开发注水作用波及区，以及钻井液强侵入近井带等外在成因所致的低饱和度油层。低饱和度油层的分布特点与其成因类型密切相关。

第一节　内在成因分析

　　内在成因主要包括源储配置差和构造幅度低等地质因素，这些因素导致早期成藏不充分，成藏后油水分异作用弱，从而形成低饱和度油层。从源储配置、构造幅度和储层孔隙结构等方面，运用成藏动力学原理，主要分析这些因素导致低含油饱和度油层的物理机理。

一、成因机理分析

　　源储配置是指烃源岩品质、储层品质及源储距离等三要素配置关系，与储层油气充分度即有效孔隙（毛细管孔隙与可动孔隙之和）储集空间的含油饱和度高低有关。其中，烃源岩品质为其有效厚度、总有机碳含量（TOC）、干酪根类型、成熟度及生排烃效率等因素的综合体现，表征参数可为生烃增压能力；储层品质则主要体现在有效厚度和孔隙结构两个方面，表征参数可为排驱压力；源储距离为烃源岩至储层间的距离，可为两者间的纵向距离和横向距离。源储配置是能否形成低饱和度油层的关键要素。一般来说，只要这三要素之一存在短板，即可形成低饱和度油层，由其中两个因素的短板所形成的低饱和度油层较常见。

　　当烃源岩品质较好、生烃增压能力较强时，形成较高的烃浓度压力，具备形成较高含油饱和度油层的物质基础。油气在烃浓度压力驱动下，沿着运移通道向外扩散和渗流，随着扩散渗流距离增大，压力与距离呈反比而衰减。

当油气运移至存在圈闭的储层处，将克服储层排驱压力而进入其中，并优先充注连通性较好、孔喉尺度较大的储集空间，同时，将原储存其中的地层水排替驱走而成藏。随着成藏过程的推进（油气充注时间加长），按照储集空间中孔隙结构优劣陆续地差异成藏，并不断提高含油饱和度。成藏过程即是油气充注的过程，同时，导致储层的孔隙压力不断升高。在储层被油气持续充注过程中，须满足：

$$p_j(t) > p_d(t) + p_p(t) \tag{2-1-1}$$

式中　$p_j(t)$——充注时间 t 时，到达储层处的烃类充注压力，MPa；

　　　$p_d(t)$——充注时间 t 时的储层排驱压力（与储层孔隙结构密切相关，并受润湿性影响），MPa；

　　　$p_d(t)$——充注时间 t 时的储层孔隙压力（随着有效充注时间增长而动态升高的物理量），MPa。

当储层被充注一定程度后，达到：

$$p_j(t) = p_d(t) + p_p(t) \tag{2-1-2}$$

即形成成藏的动态平衡，此时所形成的饱和度为油藏的原始饱和度。

充注压力由三部分组成，

$$p_j(t) = p_h(t) + p_b(t) + p_w(t) \tag{2-1-3}$$

式中　$p_b(t)$——充注时间 t 时的流体浮力驱动油气运移的压力（简称为烃浮力），MPa；

　　　$p_w(t)$——充注时间 t 时的流体势能所形成的驱动油气运移的压力，MPa。

　　　$p_h(t)$——充注时间 t 时的到达储层处生烃增压所形成的油气充注压力，MPa。

其中，$P_b(t)$ 与烃类与地层水密度差、烃柱高度及烃类运移的垂向方向有关，即可表示为：

$$p_b(t) = \pm[\rho_w(t) - \rho_h(t)]h(t) \tag{2-1-4}$$

式中　$\rho_w(t)$——充注时间 t 时的地层水密度，kg/m³；

　　　$\rho_h(t)$——充注时间 t 时的烃类物质密度，kg/m³；

　　　$h(t)$——充注时间 t 时的烃柱高度，为油气层与自由水界面间的高程差，m。

烃源岩海拔高度低于储层，取 +；否则，取 −。

$p_w(t)$ 与烃类密度、源储相对海拔有关，即可表示为：

$$p_w(t) = \pm\rho_h(t) \cdot \Delta H(t) \tag{2-1-5}$$

式中　$\Delta H(t)$——充注时间 t 时的烃源岩与储层的相对海拔高度差，m。

烃源岩海拔高度高于储层，取 +；否则，取 −。

如果是轻烃或天然气扩散，则：

$$p_h(t) = f(p_{h0}, L, D, G_h, t) \qquad (2-1-6)$$

如是原油渗流，则：

$$p_h(t) = f(p_{h0}, L, \mu, G_h, t) \qquad (2-1-7)$$

式中　p_{h0}——原始生烃增压所形成的烃浓度压力，可随时间而动态变化，MPa；

L——烃类运移距离，可随时间而动态变化，m；

D——烃扩散系数，可随时间而动态变化，m²/s；

G_h——烃浓度梯度，可随时间而动态变化，kg/m³；

μ——流体黏度，可随时间而动态变化，Pa·s。

当油气运移足够远，达到某一临界距离 D_{max}（该运移距离可数学推导确定，与烃源岩品质密切相关）时，由生烃所增加油气充注压力已经衰减得很小，可近似认为：

$$p_h(t) \approx 0 \qquad (2-1-8)$$

此时，油气充注压力由重力势能和浮力两类作用所产生的压力相对大小决定，即含油饱和度与源储距离无关。可得出，近源成藏的非常规油气要充分考虑源储距离对成藏的关键作用。

因此，烃源岩品质越好，即成熟度高、有效厚度大、TOC高、干酪根类型有利、成熟度高和生排烃效率高，形成的原始烃浓度压力 p_{h0} 大，越有利于成藏。烃运移距离越大，扩散作用大，到达储层烃浓度压力 p_h 越小，不利于成藏。如果储层品质差，孔隙结构差，排驱压力大，则油气不易于进入储层中。轻烃的扩散作用或者液态油的渗流作用，均与距离密切相关，如果烃源岩至储层的距离大，则达到储层处的充注压力低，不利于成藏。

二、源储配置成因分析

本部分逐一论述了烃源岩品质、储层品质、源储距离及油气充注时间等四个单因素对饱和度分布的控制作用，并综述了不同源储配置下的饱和度分布特点。

1. 烃源岩品质

烃源岩品质决定生排烃能力及生烃增压能力，直接影响油气充注压力，如充注压力低，则先天条件不好，易于形成低饱和度油层。

鄂尔多斯盆地环西—彭阳地区位于盆地西南部，其延长组长7段烃源岩发育厚度10~20m泥页岩，有机质丰度较高（2%~4%）。但与盆地中心的烃源岩相比，该段烃源岩品质明显变差，供烃能力变弱，导致油藏充注不充分，主要发育低饱和度油层。如图2-1-1所示，彭阳地区的ME20井区的油层密闭取心含油饱和度明显低于生烃中心的环江油田和镇北油田，差值约20个百分点。

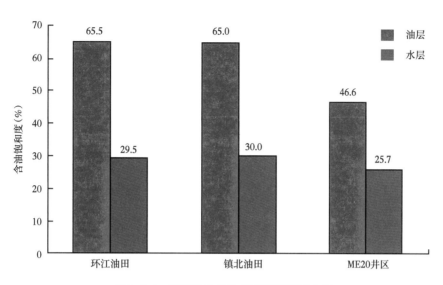

图 2-1-1 密闭取心含油饱和度统计直方图

由图 2-1-2 可知，由东至西，烃源岩厚度逐渐减小，品质逐渐变差，储层电阻率逐渐降低、含油性变差，储层产液由纯油变为油水同出、纯水层（表 2-1-1），油藏类型由低渗透油藏转变为低饱和度油藏。

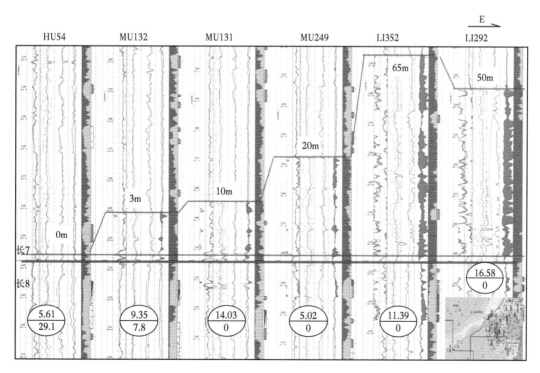

图 2-1-2 鄂尔多斯盆地环西地区烃源岩厚度变化的连井对比图

表 2-1-1　鄂尔多斯盆地环西地区烃源岩厚度与产液性质对比

井号	HU54	MU132	MU131	MU249	LI352	LI292
烃源岩厚度（m）	0	3	10	20	65	50
日产油（t/d）	0	9.35	14.03	5.02	11.39	16.58
产水率（%）	29.1	7.8	0	0	0	0

　　柴达木盆地风西地区干柴沟组油气短距离运移的近源成藏特点明显，有利于成藏，但其烃源岩品质整体上较差，$N_1-N_2^1$ 层系中主要发育低饱和度油层，试油结论为油水同出或纯水。基于该区 10 口井 27 层的试油资料，并以测井计算含油饱和度、烃源岩 TOC 及储层邻近烃源岩厚度，分析烃源岩品质对含油饱和度的控制作用。

　　（1）如图 2-1-3 所示，TOC 变高，含油饱和度呈增大趋势，TOC 对干柴沟组储层的油气饱和度控制作用突出。图中，部分层（3 个）尽管 TOC 较高，但含油饱和度不高（35%）且试油为含油水层，表明含油饱和度受控因素不仅为 TOC。

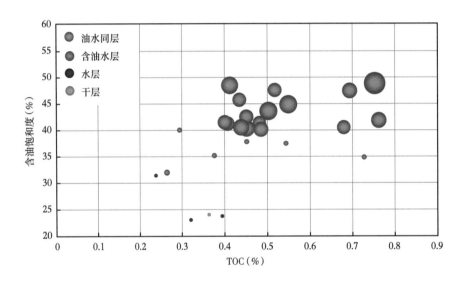

图 2-1-3　柴达木盆地风西地区的含油饱和度与有机碳含量关系图

图中交会点的圆圈大小代表了试油产油量的高低

　　（2）引入烃源岩厚度参数，分析烃源岩厚度与有机碳含量的乘积（可表征烃源岩品质）对含油饱和度的控制作用，由图 2-1-4 可知，含油饱和度与烃源岩品质正相关关系得到提升，烃源岩品质越好，含油饱和度越高。尽管仍有 3 个层（与前述 3 个层不完全为相同层）规律性较差，表明含油饱和度不仅仅为烃源岩控制。

　　为进一步分析烃源岩品质对含油饱和度的控制作用，将烃源岩有效厚度等值线图与含油饱和度等值线图进行叠合分析（图 2-1-5）。如图 2-1-5 所示，柴达木盆地风西地区 N_1-N_2^1 为源内成藏的油藏，其主力油层段烃源岩有机碳等值线与含油饱和度等值线分布趋势一致性好，厚含油饱和度较高油层分布于有利烃源岩发育区（TOC＞0.5%）之内，油藏受烃源岩品质控制较为明显。

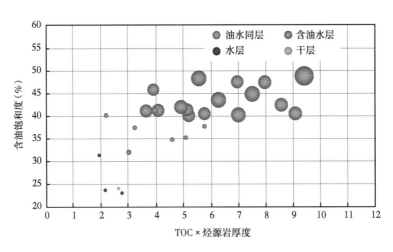

图 2-1-4 含油饱和度与 TOC×烃源岩厚度关系图

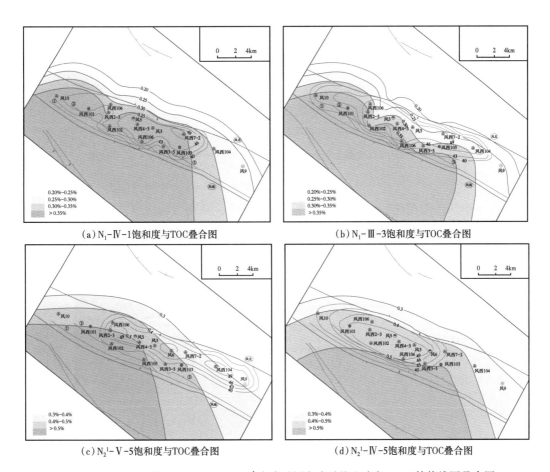

（a）N₁-Ⅳ-1饱和度与TOC叠合图 　　　　　（b）N₁-Ⅲ-3饱和度与TOC叠合图

（c）N₂¹-Ⅴ-5饱和度与TOC叠合图 　　　　　（d）N₂¹-Ⅳ-5饱和度与TOC叠合图

图 2-1-5 柴达木盆地风西地区 N₁-N₂¹ 主力油层段含油饱和度与 TOC 等值线图叠合图

2. 储层品质

储层含油性可直接体现含油饱和度的高低，一般地，含油性越好，含油饱和度越高。因此，可分析含油性受储层品质的控制作用。如图 2-1-6 所示，密闭取心井的储层物性越好，含油性越好，含油饱和度越高。

（1）当孔隙度（ϕ）大于 15% 时，渗透率（K）大于 2mD，含油饱和度基本大于 40%，含油级别高，达富含油的含油性级别。

（2）当孔隙度小于 15% 时，渗透率小于 2mD，含油饱和度基本小于 40%，含油级别主要为油斑。

（3）当孔隙度小于 10%，渗透率小于 0.12mD 时，岩心基本不含油，表明油气存储在较大的孔隙中。

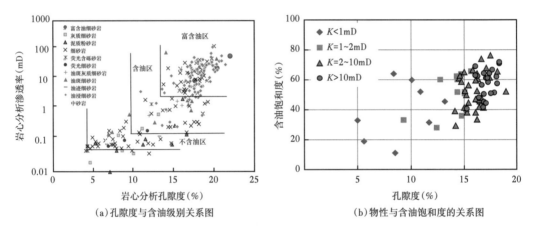

（a）孔隙度与含油级别关系图　　　　　（b）物性与含油饱和度的关系图

图 2-1-6　渤海湾盆地蠡县斜坡密闭取心井的含油饱和度与储层品质关系图

图 2-1-7 进一步指出，油浸细砂岩的核磁共振 T_2 谱主峰的弛豫时间大（100ms 左右），表明孔隙结构好，储层连通性好，易于被油气所充注，从而含油级别高，含油饱和度大，油气储存于好孔隙结构储层；无油气显示的灰质细砂岩，则 T_2 谱短，以小孔隙为主，成藏难度大。因此，好的储层孔喉结构是高含油级别与高含油饱和度的前提基础。

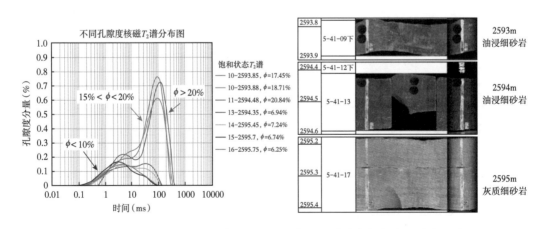

图 2-1-7　渤海湾盆地蠡县斜坡岩心核磁实验 T_2 谱分布与含油级别对比图

渤海湾盆地南堡凹陷低饱和度油层主要发育在东营组，但也发育正常含油饱和度油层（简称常规油层）。对比分析这两类油层的以压汞资料为基础所提取表征储层品质的量化参数（排驱压力、分选系数、均质系数及孔隙结构指数等）变化规律（图 2-1-8）。如图 2-1-8 所示，低饱和度油层的平均孔喉直径、分选系数和均质系数均明显小于同层位常规油层，排驱压力则明显大于同层位常规油层。薄片分析表明，低饱和度油层的孔喉类型以原生粒间孔和粒内溶蚀孔、微孔隙为主，喉道主要为管束状，孔喉连通性较差，导致束缚水含量增高，含油饱和度难以充注升高，从而形成低饱和度油层。

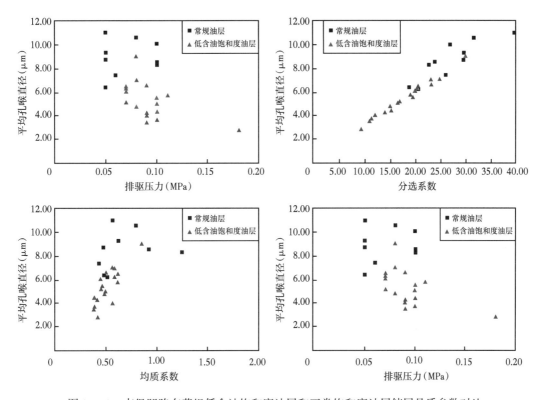

图 2-1-8　南堡凹陷东营组低含油饱和度油层和正常饱和度油层储层品质参数对比

鄂尔多斯盆地正宁地区长 6 段储层根据压汞曲线特征和常规物性可以划分为三类（图 2-1-9）：

（1）Ⅰ类储层：单位孔隙度的渗透率开平方根（RQI）高于 0.005，排驱压力小于 1MPa，孔喉直径峰值为 0.32μm，为小孔、较细喉，孔喉共控型储层；

（2）Ⅱ类储层：RQI 介于 0.003 与 0.005 之间，排驱压力介于 1MPa 与 3MPa 之间，孔喉直径峰值为 0.18μm，为小孔—特小孔、细—较细喉，喉道主导型储层；

（3）Ⅲ类储层：RQI 小于 0.003，排驱压力高于 4MPa，孔喉直径峰值为 0.02μm，为特小孔、细喉，喉道主导型储层。

图 2-1-10 进一步指出，LE701 井的第 4 号层排驱压力 1.722MPa 左右，孔喉直径在 0.25μm、0.006μm 出现两个峰值，渗透率 0.12mD，为Ⅱ类储层；第 3 号层排驱压力 8.445MPa，孔喉直径峰值在 0.05μm，渗透率 0.095mD，为Ⅲ类储层。这两层的独立试油

结果表明，4号层为含油水层，3号层为纯水层，尽管其距下伏的长7段烃源岩更近。

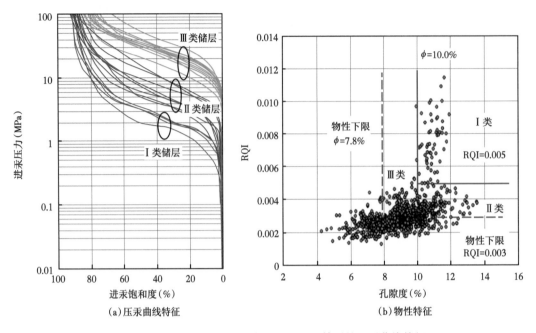

(a) 压汞曲线特征　　　　　　　　(b) 物性特征

图 2-1-9　鄂尔多斯盆地正宁地区长6段储层的压汞曲线特征

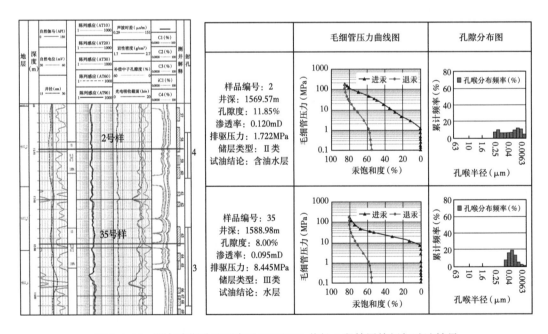

图 2-1-10　鄂尔多斯盆地正宁地区 LE701 井长6段储层特征与试油结果

同样地，LN605井位于构造低部位，储层排驱压力0.851MPa，孔喉直径峰值达0.63μm，孔隙度10.41%，渗透率0.261mD，为Ⅰ类储层（图2-1-11），试油后日产油2.03t。

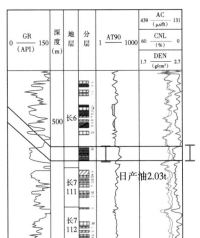

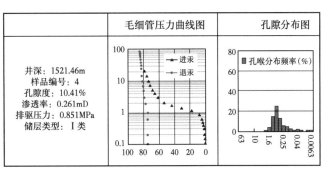

图 2-1-11 鄂尔多斯盆地正宁地区 LN605 井长 6 段储层特征与试油结果

表 2-1-2 进一步指出，不同类型储层的束缚水饱和度差异大，导致其最大含油饱和度值存在较大差异，即储层品质对含油饱和度的控制作用大。

表 2-1-2 各类储层核磁、压汞、束缚水饱和度和含油饱和度关系简表

储层类型	I 类	II 类	III 类
束缚水饱和度	23%~34%	28%~58%	50%~60%
含油饱和度	47%~71%	39%~63%	35%~45%
核磁特征			
压汞特征			

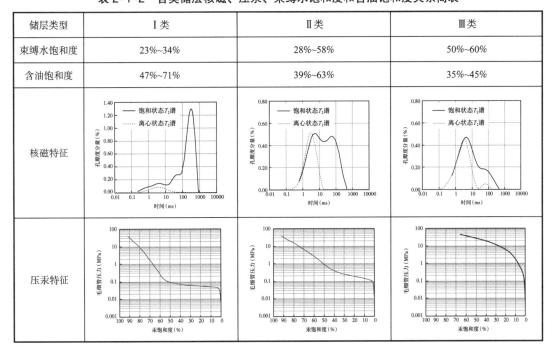

对鄂尔多斯盆地正宁地区长 6 段储层的包裹体分析认为，波长较长的包裹体来自第一期油气充注，波长较短的包裹体来自第二期充注且为主充注期，是决定含油饱和度分布的关键成藏期。由图 2-1-12 可知，I 类储层以短波段的包裹体为主，II 类储层长、短波段的包裹体占比相近，III 类储层以长波段的包裹体为主，表明储层品质控制主充注期的油气充注程度，即储层品质好，主充注期油气充注充分，反之亦然。

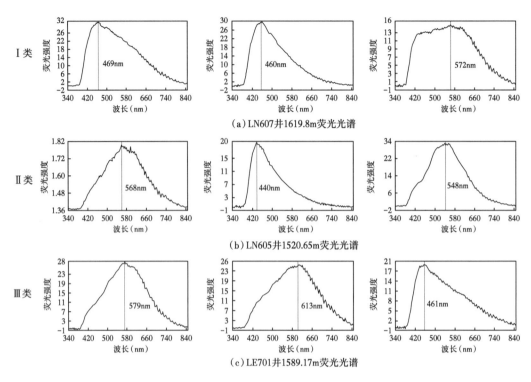

图 2-1-12　鄂尔多斯盆地正宁地区宁长 6 段储层的包裹体特征

岩石润湿性亦为表征储层品质对含油饱和度影响的一个重要因素。亲油型储层有利于成藏，在其他条件相同时，较亲水型储层易于形成较高含油饱和度的油层。如储层亲水性较强，成藏过程中油气进入储层孔隙中的难度较大，尤其是小孔隙部分更难，导致成藏后油藏的含油饱和度较低。

表 2-1-3 为渤海湾盆地蠡县斜坡带低饱和度油层的 12 块密闭岩石润湿性实验室测量数据表。可以看出，11 块岩心表现为亲水（水润湿指数 0.40~0.99），1 块表现为弱亲水（水润湿指数 0.25），储层整体表现为亲水（表 2-1-3）。

表 2-1-3　渤海湾盆地蠡县斜坡低饱和度油层的岩石润湿性

井号	深度（m）	岩性	油气显示	润湿指数		相对润湿指数	润湿类型
				油润湿指数	水润湿指数		
XL10-117	2990.25	含粉砂细砂岩	油浸	0	0.41	0.41	亲水
XL10-117	3098.79	含粉砂细砂岩	油浸	0	0.41	0.41	亲水
XL10-117	3099.07	含粉砂细砂岩	油浸	0	0.41	0.41	亲水
XL10-117	3099.22	含粉砂细砂岩	油浸	0	0.44	0.44	亲水
XL10-117	3100.05	含粉砂细砂岩	油浸	0	0.25	0.25	弱亲水
XL10-117	3100.57	含粉砂细砂岩	油浸	0	0.67	0.67	亲水
XL10-117	3101.1	含粉砂细砂岩	油浸	0	0.40	0.40	亲水

续表

井号	深度（m）	岩性	油气显示	润湿指数		相对润湿指数	润湿类型
				油润湿指数	水润湿指数		
XL10-117	3102.81	含粉砂不等粒砂岩	油浸	0	0.45	0.45	亲水
G20	2612.1	细砂岩	油浸	0	0.43	0.43	亲水
G30	2533.1	细砂岩	油浸	0	0.67	0.67	亲水
G106	2552.12	细砂质粉砂岩	油浸	0	0.99	0.99	亲水
G106	2649.29	细砂岩	油浸	0	0.71	0.71	亲水

3. 源储距离

源储距离（成藏距与其成藏密切相关烃源岩的距离）是除烃源岩品质和储层品质之外又一个控制成藏充分度的关键因素。一般地，相同烃源岩品质和储层品质条件下，源储距离越大，成藏充分度越低，易于形成低含油饱和度油层，反之亦然。

含油级别可定性描述含油饱和度的高低，一般地，相同油品条件下，含油级别越高，含油饱和度越高。图2-1-13为松辽盆地南部泉头组泉四段含油级别显示图，该图指出，随

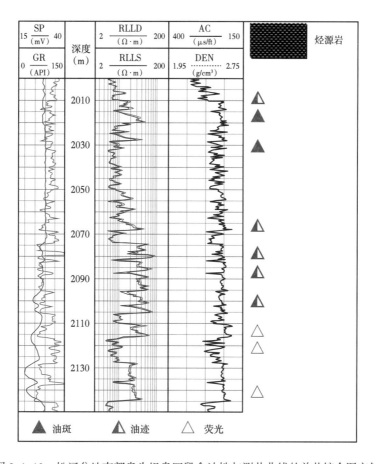

图2-1-13　松辽盆地南部泉头组泉四段含油性与测井曲线的单井综合图实例

着与紧邻上覆青一段烃源岩的距离（即源储距离）加大，储层含油级别由油斑变为油迹，显示级别不断降低，尽管图中整个深度段上储层物性基本相同（声波孔隙度为 7% 左右）。故相同烃源岩品质和储层品质相同前提下，源储距离是含油饱和度变化另一重要因素。

　　松辽盆地北部长垣以西地区（如龙西地区和杏西地区）的中浅层（主要为萨尔图油层和葡萄花油层）储层品质较好，孔隙度主要分布于 15%~22%，渗透率主要分布于 10~60mD，但密闭取心的原始含油饱和度较低，主要分布于 40%~60%，为典型的中高孔渗低饱和度油层。长垣以西地区盆地生烃中心较远，且与生烃中心相比，本地青山口组青一段烃源岩的单层厚度和累计厚度均降低明显，TOC 也不小，烃源岩品质较差。由于构造沉积作用的差异性，长垣以西地区的中浅层储层距烃源岩的距离较大，导致油气充注压力降低，形成低饱和度油层，且随着源储距离增加其含油饱和度降低，见表 2-1-4。

表 2-1-4　萨葡油层与青一段烃源岩纵向距离表

构造（自西向东）	井号	萨葡油层与青一段烃源岩距离（m）	平均含油饱和度（%）	油藏类型
齐家古龙凹陷	JN39	240	57.6	低饱和度油层
齐家古龙凹陷	GU94	401.5	40.6	低饱和度油层
三肇凹陷	XS1	279	44.3	低饱和度油层
三肇凹陷	CHA922	371.5	42.3	低饱和度油层

　　图 2-1-14 为鄂尔多斯盆地长 8 段油层（其油源来自下伏的长 7_3 亚段优质烃源岩）两口密闭取心井的含油饱和度与有效孔隙度的关系图，其中 W_1 井位于生烃中心（位于陇东地区），W_2 井离生烃中心较远（位于陕北地区），从该图可以看出：

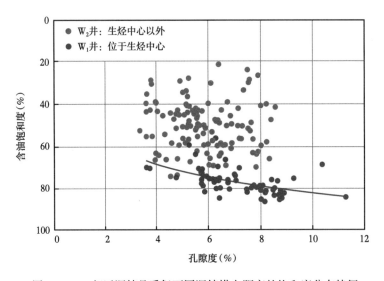

图 2-1-14　相近源储品质但不同源储横向距离的饱和度分布特征

（1）W₁ 井的含油饱和度高，其分布主体值为 70%~80%，并且随着孔隙度加大，含油饱和度有增大的趋势。表明在生烃成藏作用有利条件下，物性较好的储层，成藏更加充分。

（2）W₂ 井的含油饱和度低，其分布主值为 40%~60%，且相当一部分样品点值小于 40%；相同储层孔隙度条件下，该井的含油饱和度明显低于 W₁ 井的值。

上述两井饱和度分布特征表明，在同一烃源岩及相近储层品质条件下，源储距离对饱和度分布的控制作用显著。

鄂尔多斯盆地正宁地区长 7₃ 亚段烃源岩分布范围广，成熟度高，单井烃源岩厚度平均 25m，烃源岩品质较好，但长 6 段储层品质差异性大，且其与烃源岩纵向距离较大（90~130m）。如图 2-1-15 所示，长 6 段的油层与油水同层的分布与源储距离间的关系不明显，基本没有关系，油层、油水同层和水层的分布与储层品质密切相关，即储层品质的差异性成藏。表明在源储距离整体较大的前提下，其值变化不足以产生油水分布的变化，此时储层品质为主要控制因素。

4. 油气充注时间

在未达到油气成藏的动态平衡之前，含油饱和度与油气充注时间呈正相关关系，在油气充注压力恒定不变时，油气充注时间加大，含油饱和度不断增高。

图 2-1-16 为原油充注模拟成藏过程中含油饱和度动态变化的实验。该图指出，尽管岩心样品致密（孔隙度为 7.35%，渗透率为 0.0245mD），实验仍然指出，在 20MPa 充注压力下，随着充注时间加长，油驱水现象越来越明显，含油饱和度不断增大。但是，在如此高的压差作用下，充注时间达 18h，含油饱和度不高（仅 53%），为低饱和度油层，表明储层品质对含油饱和度的控制作用强。

图 2-1-17 为配套的核磁共振实验结果，从中可以看出，当充注 2h 后，半径大于 0.02μm 孔隙中的核磁共振信号明显减弱，表明含水率显著降低，油驱水效果好；当充注时间达 6h 时，核磁共振信号进一步降低，且半径在 0.01~0.02μm 微细孔隙中亦充注进油，即半径大于 0.02μm 孔隙中含油饱和度进一步增加的同时，充注突破了更小半径孔隙，成藏更充分；当充注时间为 18h 时，半径大于 0.01μm 孔隙的核磁共振信号进一步减弱，含油饱和度进一步增大，但最小充注孔隙半径未突破。

5. 源储配置关系

上述四个单一因素均可影响饱和度的分布，而最终决定储层含油饱和度则是这些因素的综合影响，即源储配置关系。其中任一因素不利，均可将产生"木桶短板效应"，直接影响含油饱和度。

仅从源储配置分析，如源储相邻，好烃源岩（Ⅰ类烃源岩）或较好烃源岩（Ⅱ类烃源岩）与好储（Ⅰ类储层）的源储配置关系，则肯定可形成高含油饱和度储层（H 类）。好储层与较差烃源岩、较好储层与好烃源岩或较好烃源岩的源储配置关系，这可形成较高含油饱和度储层（M 类），如图 2-1-18 所示。当源储距离加大，将降低图 2-1-18 的含油饱和度级别，并且考虑到不同地区的储层品质和烃源岩品质的划分标准不同，可影响含油饱和度划分级别。

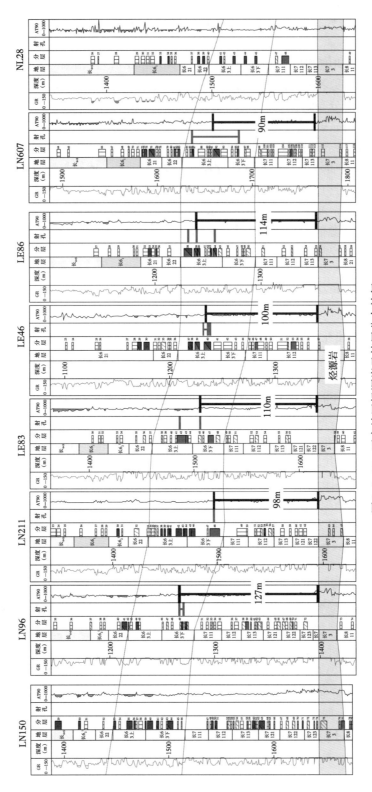

图 2-1-15　正宁地区烃源岩及储层分布特征

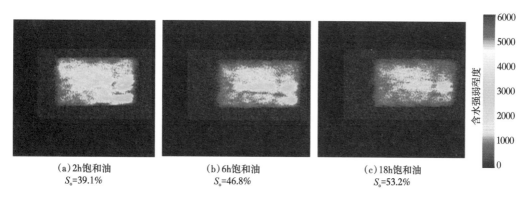

（a）2h饱和油
S_o=39.1%

（b）6h饱和油
S_o=46.8%

（c）18h饱和油
S_o=53.2%

图 2-1-16　原油充注模拟分析图

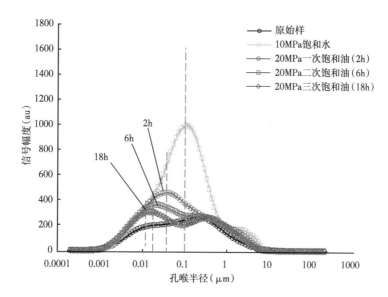

图 2-1-17　岩样品不同时间段饱和油后 T_2 谱曲线图

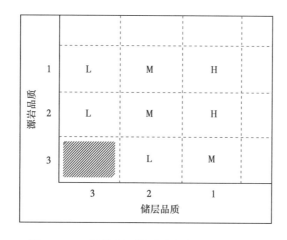

图 2-1-18　源储配置关系对含油饱和度的影响

H—高含油饱和度储层；M—中等含油饱和度储层；L—低含油饱和度储层

柴达木盆地风西地区 N_1-N_2^1 油藏为构造背景上的源内自生自储型岩性油藏，纵向上可分为源储一体型与源储共存型两种源储配置关系，源储配置对成藏影响大，直接决定了储层的含油饱和度。如图 2-1-19 所示，该区可分为好源好储、好源差储、差源好储和差源差储 4 类源储配置关系。

（1）4211~4221m 井段：储层岩性为灰云岩，物性较好，孔隙度为 6.0%~13.0%，有机碳含量较高（0.6%~2.1%），好源好储且为源储一体，微距离成藏，源储配置关系有利，含油饱和度较高（46.0%~65.0%），压裂后日产油 15t，日产液 40m³。

（2）4073~4078m 井段：储层岩性为灰云岩，孔隙度在 3.5%~6.2% 之间，有机碳含量在 0.6%~1.4% 之间，含油饱和度中等（35.0%~48.0%），为好源中等储的源储配置关系，压裂后日产油 5t，日产液 26m³。

（3）4356~4374m 和 4589~4596m 井段：孔隙度分别在 5.6%~10%、2.5%~5% 之间，有机碳含量分别在 0.4%~0.7%、0.3%~0.8% 之间，对应为差源好储、差源差储的源储配置关系，含油饱和度低（0~20%），基本未成藏。

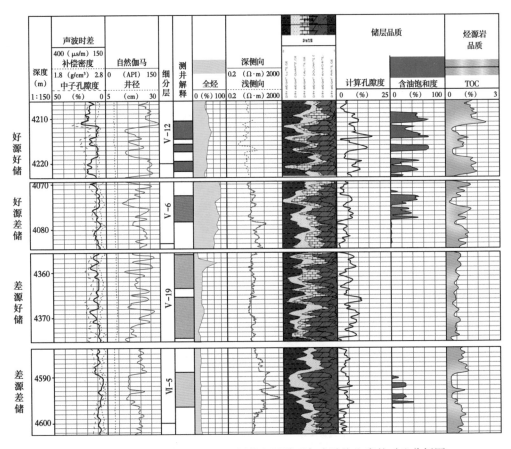

图 2-1-19　柴达木盆地风西地区源储配置关系与含油饱和度的对比分析图

三、构造幅度成因分析

构造幅度是决定储层含油饱和度的另一个重要内在因素。低幅度构造背景下，油柱高度低，油水所产生的浮力作用难以将油气孔隙中原始地层水充分驱替，易形成低饱和度油层。

油藏形成过程中，受油、水—孔隙系统所控制，油（气）首先进入与较大孔隙喉道连接的大孔隙中，然后随着烃类浮力增加，油（气）将逐步进入更小的孔隙喉道。因此，油藏中距离自由水平面之上越高，油气饱和度越大，反之则越小，可以用毛细管理论描述油藏。

由毛细管理论可知，毛细管压力为：

$$p_c = \left(2\sigma_{\mathrm{ow}}\cos\theta_{\mathrm{ow}}\right)/r \qquad (2\text{-}1\text{-}9)$$

式中　p_c——毛细管压力，MPa；

　　　r——毛细管半径，反映储层孔隙结构特征，μm；

　　　σ_{ow}——油水界面上表面张力，MPa；

　　　θ_{ow}——油水界面上接触角，（°）。

而烃浮力所产生的压力为

$$p_b = gH\left(\rho_{\mathrm{w}} - \rho_{\mathrm{o}}\right) \qquad (2\text{-}1\text{-}10)$$

式中　H——构造幅度，m；

　　　ρ_{w}，ρ_{o}——水和油的密度，g/cm³。

故而，可确定油藏条件下克服毛细管压力所需最小构造幅度：

$$H_{\min} = \frac{p_{\mathrm{CR}}}{g\left(\rho_{\mathrm{w}} - \rho_{\mathrm{o}}\right)} \qquad (2\text{-}1\text{-}11)$$

式中　p_{CR}——油藏条件下毛细管压力（可由实验室测量参数转换而得），MPa。

$$p_{\mathrm{CR}} = \frac{\sigma_{\mathrm{R}}\cos\theta_{\mathrm{R}}}{\sigma_{\mathrm{L}}\cos\theta_{\mathrm{L}}}\, p_{\mathrm{CL}} \qquad (2\text{-}1\text{-}12)$$

式中　θ_{L}，θ_{R}——分别为实验室与油藏条件下的界面上接触角，（°）；

　　　σ_{L}，σ_{R}——分别为实验室与油藏条件下的界面上表面张力，MPa；

　　　p_{CL}——实验室条件下毛细管压力，MPa。

由式（2-1-11）知，油气成藏所需的最小构造幅度与储层孔隙结构和油水密度差密切相关。显然，当构造幅度 H 大于 $H_{\min}$ 时，储层才可成藏，油柱高度由零增加，两者差异越大，储层成藏越充分，油柱高度越大，含油饱和度越高，即浮力作用下的含油饱和度分布取决于储层的孔隙结构（即毛细管压力的大小）、油藏高度和油水密度差。

1. 构造幅度

松辽盆地长垣地区密闭取心和测井计算均表明，长垣地区葡萄花油层原始油藏的含油饱和度高（大于 60%），而长垣外围龙西、杏西、古龙和三肇等地区则发育大面积的低渗透低饱和度油层，含油饱和度介于 40%~50%，构造控制成藏作用明显。即使在西部斜坡区，仍可清楚地看见构造的控藏作用。如图 2-1-20 所示，纵向构造相对较高处，以油层为主，较低处则为油水同层或水层，PI1、PI2 和 PI3 油层组均有油层分布，以上油下水为主，全区无统一的油水界面。图 2-1-21 则进一步指出，龙虎泡地区构造幅度较高，其含油饱和度 55%~60%，而位于其两侧低部位的杏西地区和龙西地区含油饱和度仅为 40%~50%，两者差异明显。

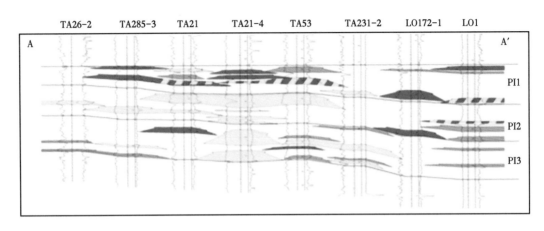

图 2-1-20　塔 26-2 井—龙 1 井葡萄花油层对比图

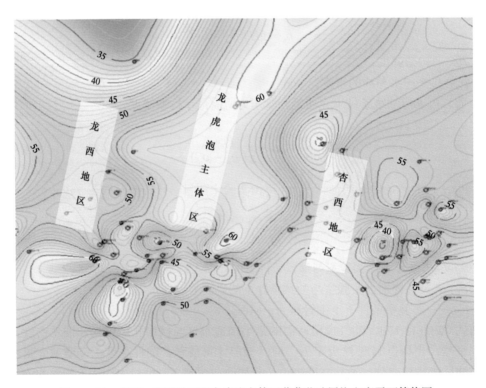

图 2-1-21　龙西、杏西地区和龙虎泡主体区葡萄花油层饱和度平面等值图

　　鄂尔多斯盆地西缘彭阳地区长 8 段呈低幅度构造展布，构造幅度主要为 15~35m，且该区长 7 段发育的泥页岩类烃源岩相较于生烃中心，烃源岩品质明显变差，供烃能力变弱。因此，在这两个因素的加持下，成藏充注动力较小，致使长 8 段发育了大量的低饱和度油层。如图 2-1-22 所示，油层多分布在构造的高部位，如处于构造高部位且物性较好的 ME20 井试油产纯油（21.4 t/d）；而处于构造不发育的斜坡区（图 2-1-23），砂体较薄，物性较差，导致试油油水同出或纯水，且产液量较低，如位于斜坡区北端的 ME67 井，试油为 4.51t/d、水 1.2m³/d，低幅度构造控藏作用明显。

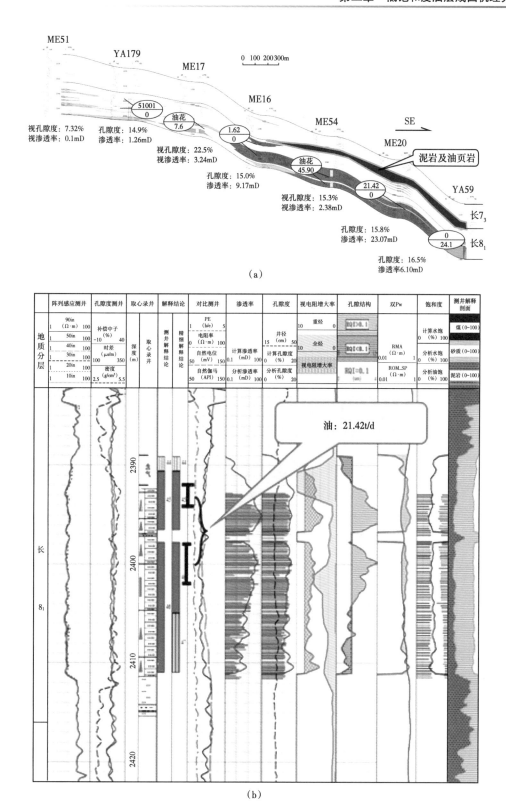

（a）

（b）

图 2-1-22　彭阳地区构造高部位的油藏剖面与典型井（ME20 井）测井解释成果图

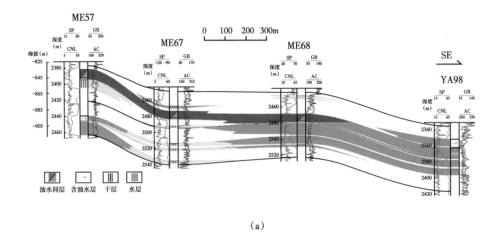

（a）

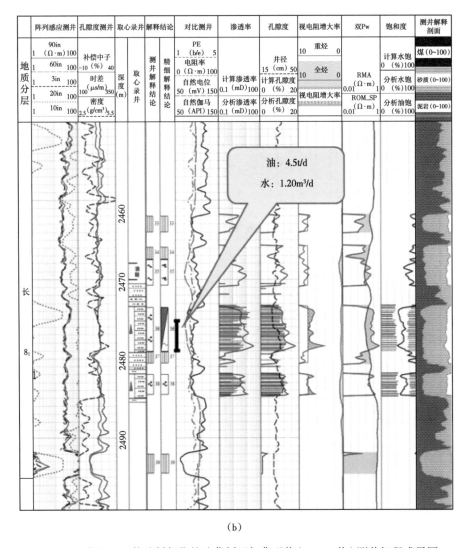

（b）

图 2-1-23　彭阳地区构造低部位的油藏剖面与典型井（ME67 井）测井解释成果图

图 2-1-24 为鄂尔多斯盆地侏罗系 8 口井测井解释油柱高度 h 与含水饱和度的关系。综合测井油水层解释成果与试油资料，确定自由水界面海拔为 -1993.2m，据此确定各解释结论的含油高度（油柱高度）。从图 2-1-24 可以看出，随着油柱高度降低，含油饱和度明显变小。由此可见，侏罗系油藏构造幅度低是形成低饱和度油层的主要因素。

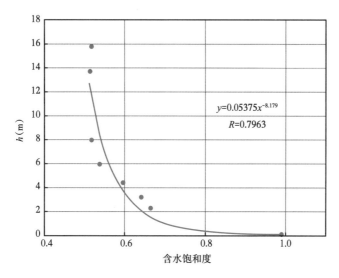

$$y=0.05375x^{-8.179}$$
$$R=0.7963$$

图 2-1-24　鄂尔多斯盆地侏罗系测井解释油柱高度与含水饱和度的关系图

2. 储层孔隙结构的叠加作用

构造幅度对含油饱和度控制作用明显，但不同类别储层（即孔隙结构）则影响这种控制作用的程度。图 2-1-25 为不同孔隙结构岩心的压汞曲线并将其转换计算油柱高度，可以看出：

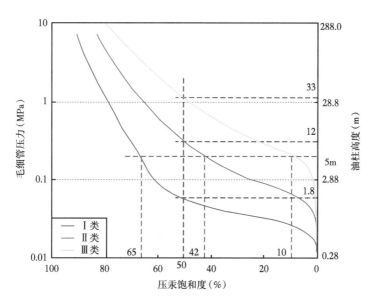

图 2-1-25　不同类别储层的油柱高度与含油饱和度关系图

Ⅰ 类：ϕ=16.8%，K=579mD；Ⅱ 类：ϕ=13.7%，K=12mD；Ⅲ 类：ϕ=12.4%，K=2.4mD

（1）油柱高度为5m时，孔隙结构较好的Ⅰ类储层，原始含油饱和度即可达65%左右，为油层；而孔隙结构中等的Ⅱ类储层，则为42%左右，为油水同层；孔隙结构较差的Ⅲ类储层则仅为10%左右、未成藏。油柱高度一定时，孔隙结构明显控制含油饱和度的分布。

（2）如含油饱和度为50%，则Ⅰ、Ⅱ和Ⅲ类储层对应所需油柱高度分布为1.8m、12m和33m，随着储层品质变差，所需油柱高度快速增加。

需要指出的是，上述分析是基于特定类别储层而言，该实例所列三类储层孔隙结构差异显著，其物性指数（单位孔隙度的渗透率之开平方）分别为5.88、0.94和0.44。

3. 孔隙流体密度的叠加作用

储层中原油和地层水密度差异亦可影响其含油饱和度。当原油密度与地层水密度差异小时，影响油水分异的充分性，亦为低饱和度油层成因之一。原油密度越大，油水密度差越小，加大油水过渡带，并且，原油黏度越大，内摩擦力就越大，流动性越差，亦可加大油水过渡带。

渤海湾盆地蠡县斜坡地区目的层段75口井522个油分析样品表明（表2-1-5），原油密度在0.8901~0.9436g/cm³之间，平均0.9113g/cm³；82口井571个水分析样品表明地层水密度在1.0024~1.0093g/cm³之间，平均1.0063g/cm³；油水密度差为0.095g/cm³。

表2-1-5　蠡县斜坡75口井522个样本点油、水密度统计表

蠡县斜坡75口井522样本点	油分析密度（g/cm³）	水分析密度（g/cm³）
最大值	0.9706	1.0093
最小值	0.8701	1.0024
平均值	0.9113	1.0063

油藏成藏是地质历史上的动态过程，包括原油的运移、充注、聚集、破坏和再运移等过程。原始油藏成藏后，当圈闭条件改变时，将可能发生油气再运移的调整成藏作用，即发生原油的二次运移且形成次生油藏。一般地，原油的再次运移所形成的次生油藏的含油饱和度较运移前的原始油藏低，且运移后的原始油藏含油饱和度可能更低。

第二节　外在成因分析

外在成因指成藏后油藏被改造导致含油饱和度降低所形成的低饱和度油层，主要为天然水淹和开采水淹（注入水水淹、天然边水或底水水淹）两种水淹类型，并包括钻井液侵入作用在侵入带所产生的低饱和度油层。

一、天然水淹作用

原始油藏遭受破坏后油气未发生大规模再次运移，但沿着断裂带发生淡水推进所形成的天然水淹，导致储层含油饱和度整体降低，局部储层因隔夹层隔挡和孔隙结构较差等因素未被水淹波及或波及较轻，含油饱和度基本为原始成藏时饱度。天然水淹作用主要受断裂系统、储层封堵性（包括隔夹层封堵和断层封堵等）和储层孔隙结构等因素影响。

如图 2-2-1 所示，由于塔里木盆地塔中 4 井区 CⅢ油组后期断层改造作用而连通天然水源，导致储层地层水矿化度自西北方向至东南方向逐步变低［图 2-2-1（a）］，含油饱和度受影响程度越来越低，产水率越来越小。由此推测，天然水淹方向为由西北向东南推进［图 2-2-1（b）］，此方向上水淹程度越来越低。如图 2-2-2 所示，水淹程度的非均质性强，相邻井间的产水率存在较大的差异，即部分井由于储层封堵性或者物性较差而产生水淹未波及或波及较轻，存在局部井含油饱和度较高。

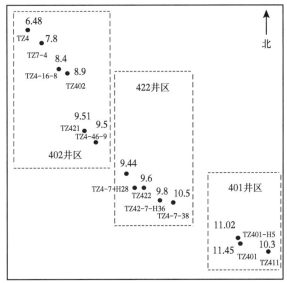

（a）地层水矿化度分布特征

（单位：10^4ppm）

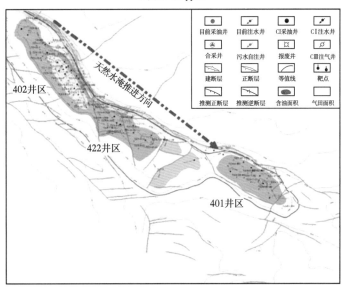

（b）构造特征与天然水淹方向

图 2-2-1 塔里木盆地塔中 4 井区 CⅢ油组天然水淹特征

天然水淹所产生的古水淹层可为重油残留带，常呈油相润湿性，电阻率高、物性较好，测井计算的含油饱和度往往为高值。同时，岩心和岩屑的含油产状级别高，但试油试采却产水率很高或完全为地层水，此为典型的高阻水层，测井识别难度大，应借助于地层水矿化度分布特征研究深入解剖天然水淹特征，据此建立识别方法与标准。

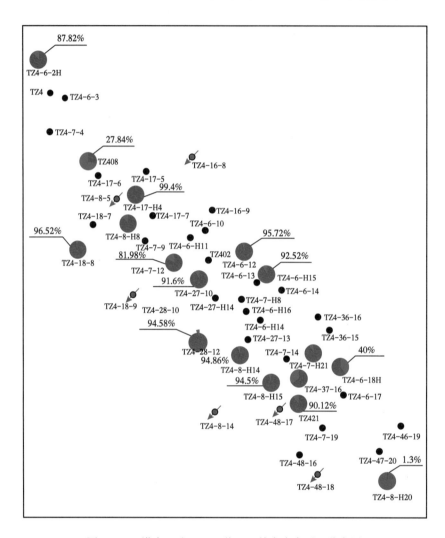

图 2-2-2　塔中 4 油田 402 井区目前产水率平面分布图

二、开采水淹作用

原始油藏经过多年开发后，综合含水率上升，大部分主力油藏均进入高含水期，其含油饱和度持续变低，逐步发展成为水淹层，即形成低饱和度的剩余油。一般地，孔渗条件好的储层容易形成高渗过水通道而导致较早地水淹，水洗强度大，而低孔低渗储层水淹较晚，水洗强度小，常形成低饱和度油层（油气较为富集的水淹层）。并且，注入水在重力作用下，易于在好储层底部优先水淹，而在储层顶部或物性较差部位，仍具较为富集的剩余油，即由于水淹程度的差异，导致含油饱和度存在非均质性变化。

图 2-2-3（a）为塔里木盆地轮南地区 LN209 井三叠系 TI 油组（4731~4748.5m）为原始未开发油层，岩性较纯层段未水淹的油层电阻率大于 4Ω·m，估算含油饱和度达 70%；该井的邻井 LN2-S3-19X 井 TI 油组对应层段（4736~4745m），如图 2-2-3（b）所示，两口井密度测井值相近（2.3g/cm³），但电阻率却低至 1Ω·m，估算含油饱和度 53%，故而解释为中等水淹层，低饱和度剩余油，且该层上部物性较差的储层（4725~4735m）的电阻率与 LN209 井对应层段（4724~4728m）相当，表明水淹程度低或基本未水淹。

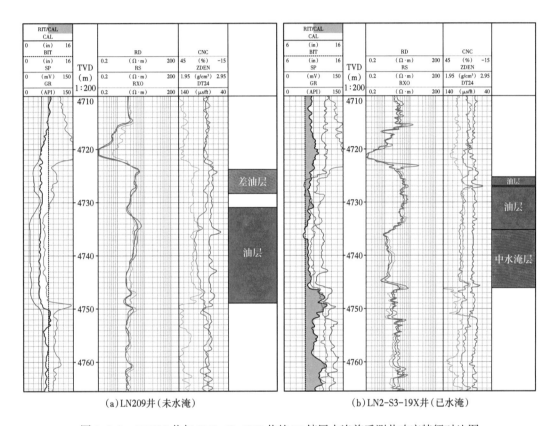

（a）LN209井（未水淹）　　　　　　　（b）LN2-S3-19X井（已水淹）

图 2-2-3　LN209 井与 LN2-S3-19X 井的 TI 储层水淹前后测井响应特征对比图

三、钻井液侵入作用

当钻井液液柱压力大于地层的孔隙压力且泥饼性能不佳或未完全形成泥饼时，钻井液的滤液可透过泥饼进入地层，将井筒周边地层中原有流体（油、气和可动地层水）驱动远离井周，即产生钻井液侵入作用，钻井液侵入作用与钻井液性能（类型、性质、密度、失水率等）、浸泡时间、泥浆循环压力以及地层特征（岩性、孔隙度、渗透率和孔隙压力等）等因素有关。侵入作用在井筒径向方向上产生冲洗带、过渡带和原状地层等三个环带，冲洗带和过渡带的半径与侵入作用强度密切相关。若地层含油气时，侵入作用将降低井筒周边储层的含油气饱和度，形成低饱和度油气层，并且，冲洗带的含油气饱和度小于过渡带。

钻井液侵入是低饱和度油层成因的后期工程因素，可以用电阻率测井资料描述侵入作用对饱和度影响特征。对于淡水钻井液（其矿化度小于地层水矿化度），水层一般显示高侵特征［浅探测深度电阻率测井值大于深探测深度电阻率，图2-2-4（a）］，其作用机理为较高电阻率的淡水钻井液取代或部分取代较低电阻率的地层水，从而井筒径向方向上电阻率呈逐渐降低的趋势；油层则为低侵特征［浅探测深度电阻率测井值小于深探测深度电阻率，图2-2-4（b）］，即钻井液侵入地层降低含油气饱和度，探测深度越浅，降低幅度越大，从而形成井筒径向方向上电阻率呈逐渐增高的趋势。

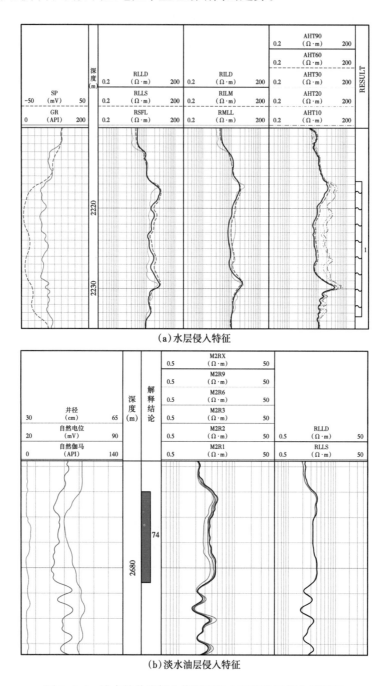

（a）水层侵入特征

（b）淡水油层侵入特征

图2-2-4　淡水钻井液侵入作用下的水层和油层侵入特征图

一般地，随着侵入时间加长，侵入作用越强，油层电阻率越来越低，如图 2-2-5 所示，无论是浅侧向电阻率还是深侧向电阻率均降低，深电阻率由 8Ω·m 降低至 5Ω·m，降幅 62.5%，相应地，含油饱和度则降低为原值的 80%，表明含油气饱和度随着侵入作用时间加长越来越低。

钻井液侵入作用所形成的低饱和度油气层仅发生于近井筒周边的冲洗带和过渡带，且饱和度随着侵入时间加长，呈逐步降低趋势，直至探测深度内侵入充分时，才不再发生变化。

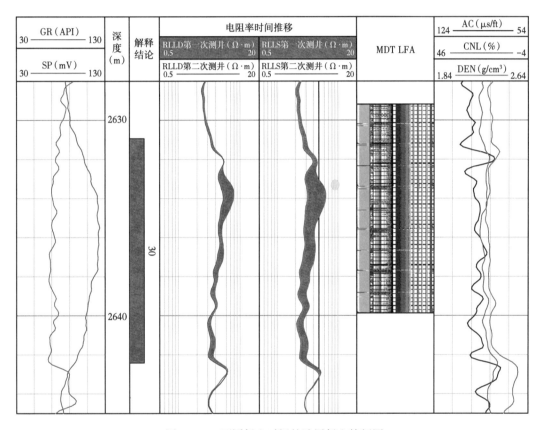

图 2-2-5 不同侵入时间的油层侵入特征图

第三章　低饱和度油层的储层特征

通过松辽盆地龙西与杏西地区的萨尔图油层和葡萄花油层、渤海湾盆地南堡2号构造与蠡县斜坡带、鄂尔多斯盆地环西—彭阳、柴达木盆地风西地区、吐哈盆地红台地区和塔里木盆地塔中和轮南地区等低饱和度油层的系统对比分析，基本明确了上述区块的低饱和度油层储层特征，包括岩性、物性、含油性及储层厚度等，并进一步厘清了其"四性"关系特征。

第一节　储层基本特征

以测井资料为基础，结合岩石物理实验与试油等资料，本节着重论述储层的基本特征，即岩性、物性和含油性等三方面特征。

一、岩性特征

由于沉积、构造和成岩等方面的地质作用，不同盆地典型区块的低含油饱和度油层岩石类别与矿物组成存在较大差异，可分为碎屑岩类和混积岩类低饱和度油层。其中，碎屑岩类低饱和度油层分布范围较广，可发育于松辽、渤海湾、鄂尔多斯、吐哈和塔里木等盆地，而混积岩类低饱和度油层则主要分布于柴达木盆地。

1. 碎屑岩

以松辽盆地龙西、渤海湾盆地南堡2号构造与蠡县斜坡带、鄂尔多斯盆地环西—彭阳、塔里木盆地塔中与轮南及吐哈盆地红台等区块的低饱和度油层为例，从长英质、黏土含量及矿物类型、胶结物、粒度和分选等方面描述碎屑岩类低饱和度油层的岩性特征。

1）长英质含量

表3-1-1为碎屑岩类低饱和度油层的岩石矿物含量分布，可以看出：

（1）塔里木盆地塔中与轮南区块的低饱和度油层石英含量高（含量为68%）为石英砂岩，其他区块的石英长石含量基本相当，为石英长石类砂岩。

（2）石英长石类砂岩岩石成熟度较低且岩屑含量较高，尤其以南堡2号构造和红台地区为甚（含量大于40%）。

2）黏土含量及矿物类型

由表3-1-2可知，碎屑岩类低饱和度油层的黏土矿物类型及其相对含量具有以下特点：

（1）黏土含量不高，一般小于10%。

（2）黏土类型差异大，龙西地区和塔中与轮南地区以伊利石为主且绿泥石含量也较高，南堡2号构造以伊/蒙混层为主且高岭石含量较高，蠡县斜坡带及红台两地区以高岭石为主，环西—彭阳地区以绿泥石为主。

表 3-1-1　碎屑岩类低饱和度油层的岩石矿物含量特征

盆地	构造带或区块	层系	矿物含量（%）			
			石英	长石		岩屑
				正长石	斜长石	
松辽	龙西	萨尔图、葡萄花	26.8	28.8	4.4	28.0
渤海湾	南堡 2 号构造	东营组	32.0	20.1	3.6	44.3
	蠡县斜坡带	沙河街组沙一段	38.2	17.5	28.5	15.8
鄂尔多斯	环西—彭阳	延长组长 8 段	33.1	10.5	19.7	24.3
吐哈	红台	侏罗系	27.1	1.0	6.6	47.8
塔里木	塔中、轮南	石炭系	68.0	6.9	0.0	12.1

表 3-1-2　碎屑岩类低饱和度油层黏土矿物特征

盆地	构造带或区块	层位	黏土类型与相对含量（%）				
			伊利石	绿泥石	伊/蒙混层	高岭石	黏土总量
松辽	龙西	萨尔图、葡萄花	61.7	16.7	9.2	11.7	9.3
渤海湾	南堡 2 号构造	东营组	8.5	0.0	49.5	32.5	8.0
	蠡县斜坡带	沙河街组沙一段	20.6	7.8	22.4	49.2	11.3
鄂尔多斯	环西—彭阳	延长组长 8 段	23.5	51.5	1.5	23.5	12.4
吐哈	红台	侏罗系	18.1	28.5	16.6	36.8	4.1
塔里木	塔中、轮南	石炭系	38.2	30.9	14.8	16.1	2.9

3）胶结物

从表 3-1-3 可以看出，南堡 2 号构造和红台地区为泥质胶结方式，龙西和塔中与轮南等地区为钙质胶结方式，蠡县斜坡带和环西—彭阳则钙质胶结和泥质胶结两种方式均存在。

表 3-1-3　碎屑岩类低饱和度油层胶结物特征

盆地	构造带或区块	层系	胶结物含量（%）	
			方解石	泥质
松辽	龙西	萨尔图、葡萄花	17.1	1.0
渤海湾	南堡 2 号构造	东营组	1.8	7.0
	蠡县斜坡带	沙河街组沙一段	12.5	10.0
鄂尔多斯	环西—彭阳	延长组长 8 段	2.4	2.1
吐哈	红台	侏罗系	0.4	5.6
塔里木	塔中、轮南	石炭系	10.3	2.5

4）粒度与分选性

表 3-1-4 指出，除龙西地区的岩性为粉砂岩外，其他地区的碎屑岩类低饱和度油层以细砂岩为主，粒度小，分选程度为中等到好。

表 3-1-4　碎屑岩类低饱和度油层的粒度分布特征

盆　地	构造带或区块	层系	主要岩性	粒度（mm）	分选程度
松辽	龙西	萨尔图、葡萄花	粉砂岩	0.01~0.03	好
渤海湾	南堡 2 号构造	东营组	细砂岩	0.5~0.9	中等
	蠡县斜坡带	沙河街组沙一段	细砂岩、粉砂岩	0.07~0.28	中等
鄂尔多斯	环西—彭阳	延长组长 8 段	细砂岩	0.4~1.0	中—好
吐哈	红台	侏罗统	细砂岩	0.125~0.5	中—好
塔里木	塔中、轮南	石炭系	细砂岩	0.1~0.8	中等

2. 混积岩

柴达木盆地风西地区 N_1-N_2^1 低饱和度油层为混积岩，7 口取心井 1619 块岩心 X 衍射全岩分析数据分析表明（表 3-1-5）：

（1）岩石矿物成分复杂，长英质、碳酸盐质和黏土质各占比 1/3 左右，混积特征明显（图 3-1-1 进一步表明这一点），且普遍含黄铁矿。

（2）黏土矿物主要为伊/蒙混层、伊利石和绿泥石，其中伊/蒙混层占比最高、达 49.2%，其次为伊利石。

表 3-1-5　柴达木盆地风西地区 N_1-N_2^1 岩矿特征表

层位	矿物种类和含量（%）							黏土矿物相对含量（%）		
	长英质	白云石	方解石	黄铁矿	其他	黏土	碳酸盐质	伊/蒙混层	伊利石	绿泥石
N_1	25.1	25.2	16.9	3.0	3.5	25.8	42.1	46.4	40.4	14.2
N_2^1	25.3	28.3	16.8	3.2	4.7	21.6	45.2	55.0	27.6	17.3
平均	25.0	26.0	17.1	3.0	3.9	25.0	43.1	49.2	35.1	16.3

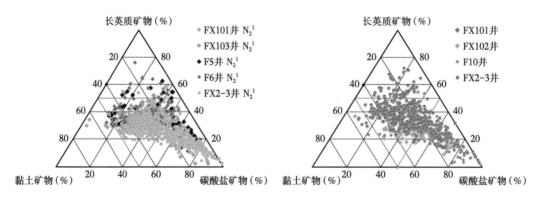

图 3-1-1　柴达木盆地风西地区 N_1-N_2^1 储层矿物成分三角图

（3）从图 3-1-2 的统计分析知，风西 N_1-N_2^1 储层岩石类型主要为灰云岩，占比达 71%，包括块状与纹层状两种结构的灰云岩；其次为藻灰岩，包括藻叠层和藻团块两类藻灰岩。

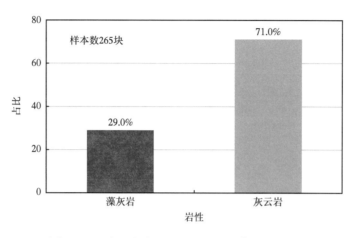

图 3-1-2 柴达木盆地风西地区 N_1-N_2^1 岩性统计图

二、物性特征

从孔隙类型、孔隙尺度、孔隙度和渗透率等方面论述主要盆地典型区块的低含油饱和度油层的物性特征。

1. 孔隙类型与孔隙尺度分布

分析图 3-1-3 可知，鄂尔多斯盆地彭阳地区延长组长 8 储层孔隙类型主要有残余粒间孔、溶蚀孔（粒间溶孔、长石溶孔和岩屑溶孔）、晶间孔和微裂隙等四种类型，以粒间孔最为发育，其次为各类溶蚀孔，面孔率为 5.3%，平均孔径为 60.8μm。

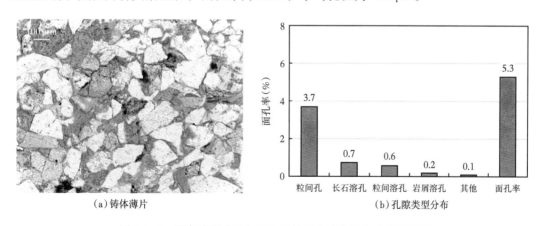

（a）铸体薄片　　　　　　　　（b）孔隙类型分布

图 3-1-3 鄂尔多斯盆地彭阳地区储层孔隙类型与分布特征图

图 3-1-4 岩心薄片指出，吐哈盆地红台地区侏罗系地层颗粒之间的接触关系以线接触—凹凸接触为主，脆性和塑性颗粒间接触紧密，彼此互嵌，塑性岩屑挤压变形，脆性颗粒中存在明显的挤压错断和颗粒压断碎裂现象，强压实作用明显，据此认识，压实作用所形成微小孔隙喉道是储层物性差的主要影响因素。

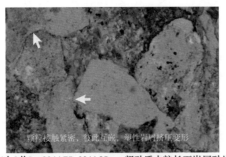

红台8井J₂x 3344.75~3344.95m，粗砂质中粒长石岩屑砂岩　红台219井J₂x 2635.16~2635.32m，含灰不等粒长石岩屑砂岩

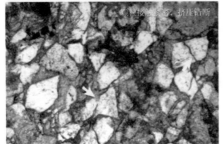

红台304井J₂x 3065.55~3065.74m，灰质粗中粒长石岩屑砂岩　红台303井J₂x 2793.73~2793.82m，灰质中细粒长石岩屑砂岩

图 3-1-4　吐哈盆地红台区块水西沟群岩心薄片

渤海湾盆地饶阳凹陷蠡县斜坡带铸体薄片特征（图 3-1-5）表明，储层总面孔率平均为 5.6%，孔径为 20~120μm，多为 20~80μm。储层孔隙主要为粒间孔和溶孔两类，其中溶孔是储层主要的孔隙类型。粒间孔包括原生粒间孔及残余粒间孔。原生粒间孔系沉积期间所形成的孔隙，为原生孔隙，一般孔径较大，在 0.05~0.1mm 之间。经压实作用，砂岩碎屑颗粒之间的接触强度加大，孔隙度减少。缩小的粒间孔最显著的特点是其粒径明显小于周围的颗粒，周围的颗粒为线接触或凹凸接触。溶孔主要是粒间溶孔和粒内溶孔，总面孔率为 3%~15%。粒间溶孔主要表现为胶结物溶蚀而成的孔隙，其次为颗粒边缘溶蚀；粒内溶孔由长石、岩屑等不稳定颗粒或粒内交代物溶蚀而成的孔隙，主要为长石颗粒内部溶蚀形成。并且，储层平均孔径一部分小于 0.1μm，一般分布在 1~10μm 之间，属中孔—小孔细喉道型储层，其孔隙结构较差，易形成低饱和度油层。

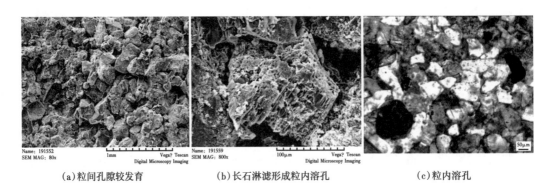

（a）粒间孔隙较发育　　（b）长石淋滤形成粒内溶孔　　（c）粒内溶孔

图 3-1-5　渤海湾盆地饶阳凹陷蠡县斜坡低饱和油层储集空间特征

柴达木盆地风西地区 N_1-N_2^1 混积岩的数字岩心二维孔隙特征（图 3-1-6）表明，藻灰岩和灰云岩面孔率均较高，在 6.71%~8.56% 之间，纹层页岩相面孔率低、仅为 0.68%；藻灰岩以溶蚀孔为主，灰云岩以晶间孔为主，局部发育溶蚀微孔；藻灰岩以微米孔隙为主，微米孔隙占比约 86%，灰云岩以纳米孔隙为主，微米孔隙仅占比约 27%。图 3-1-7 进一步指出，高压压汞曲线所确定的孔喉半径分布于 0.005~1μm 之间，且孔喉非均质性强。

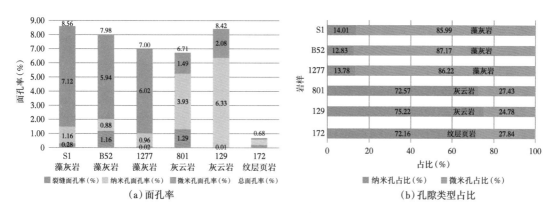

（a）面孔率　　　　　　　　　　（b）孔隙类型占比

图 3-1-6　柴达木盆地 FX2-3 井 N_1-N_2^1 数字岩心孔隙分布特征图

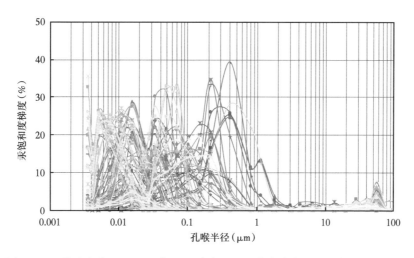

图 3-1-7　柴达木盆地 FX2-3 井 N_1-N_2^1 高压压汞曲线确定的孔喉半径分布特征图

表 3-1-6 为主要盆地典型区块发育的低饱和度油层的孔隙类型与孔隙尺度等分布特征，从中可以看出：

（1）碎屑岩类低饱和度油层孔隙类型以粒间孔为主，中低孔隙度为主，储层通常具有较好的储集性能。

（2）混积岩类孔隙以溶蚀孔和晶间孔为主，孔隙半径小，非均质性强，并且受岩性控制。

（3）碎屑岩和混积岩低饱和度油层表现为孔隙度跨度范围大，储层的非均质性强的特点。

表 3-1-6　典型区块的低饱和度油层孔隙类型与孔隙尺度分布特征

盆地	构造带或区块	层系	孔隙类型	平均孔隙度（%）	平均渗透率（mD）	最大孔喉半径（μm）	平均孔喉半径（μm）	非均质性
松江	龙西	萨尔图、葡萄花	粒间孔	17.2	60.4	17.54	0.05~5.9	较强
渤海湾	南堡 2 号构造	东营组	粒间孔	22.5	33.1	230.0	109.3	强
	蠡县斜坡带	沙河街组沙一段	原生、次生孔隙	16.5	25.0	6.3	2.1	强
鄂尔多斯	环西—彭阳	延长组长 8 段	粒间孔、溶蚀孔	15.5	4.25	40	60.8	强
柴达木	风西	N_1-N_2^1	晶间孔、溶蚀孔	7.6	< 0.1	2.268	0.24	强
吐哈	红台	侏罗系	原生粒间孔	6.2	0.23	1.79	0.16	强
塔里木	塔中、轮南	石炭系	原生粒间孔	16.6	331.8	15.76	6.91	较强

2. 孔隙度与渗透率特征

图 3-1-8 为渤海湾盆地南堡凹陷东营组低饱和度油层的岩心分析孔隙度和渗透率统计直方图，从图中可以看出，东营组储层的孔隙度分布范围为 3%~35%，集中分布在 22%~30% 之间，渗透率分布范围为 0.1~4000mD，集中分布在 20~2000mD 之间，孔隙度主要分布在 8%~22% 之间，而低饱和度油层的渗透率主要分布在 0.2~80mD 之间。图 3-1-9 则进一步指出，储层孔隙度和渗透率具有很好的正相关性，表明孔隙结构好且类型单一。

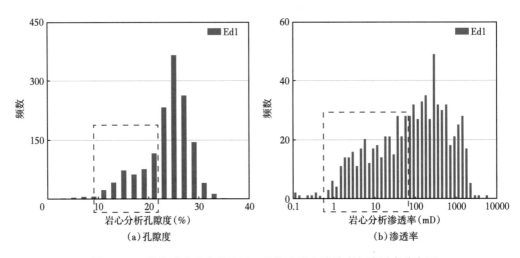

图 3-1-8　渤海湾盆地南堡油田 2 号构造岩心孔隙度与渗透率分布图

蓝色虚线框为低饱和度油层分布域

图 3-1-10 为柴达木盆地风西地区 N_1-N_2^1 岩心分析数据统计结果可看出，储层致密，孔隙度的分布范围为 0.1%~15.0%，中值 2.8%，渗透率多数小于 0.01mD，属低孔—特低渗型储层。如图 3-1-11 所示，藻灰岩孔隙度平均值 8.2%，孔隙度大于 10% 的样品占比达 30%，渗透率平均值 1.4mD；灰云岩的孔隙度平均值 7.1%，孔隙度大于 10% 的样品占比则为 11%，渗透率平均值 0.1mD，所以藻灰岩物性明显优于灰云岩。

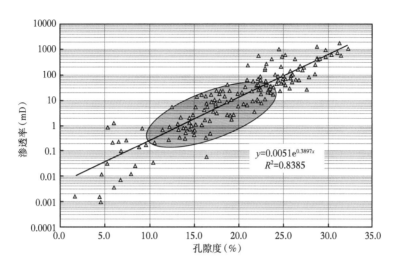

图 3-1-9　渤海湾盆地南堡油田低饱和度储层岩心分析孔隙度—渗透率关系图

橘红色椭圆区为低饱和度油层分布域

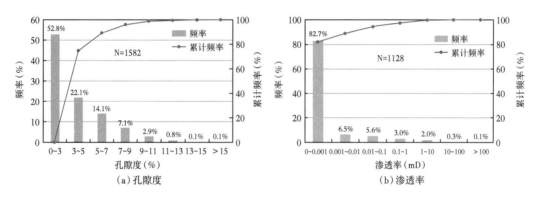

（a）孔隙度　　　　　　　　　　　　　　　（b）渗透率

图 3-1-10　柴达木盆地风西地区 N_1-N_2^1 岩心孔隙度与渗透率统计直方图

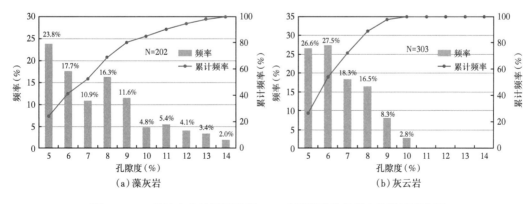

（a）藻灰岩　　　　　　　　　　　　　　　（b）灰云岩

图 3-1-11　柴达木盆地风西地区 N_1-N_2^1 不同岩性的岩心孔隙度直方图

风西地区藻灰岩的宏观结构有团块状、纹层状、叠层状三种，尽管其物性较好，但不同宏观结构岩相的物性差异大。从图 3-1-12 可以看出，纹层结构的藻灰岩物性相对最好，叠层及团块结构的藻灰岩次之。

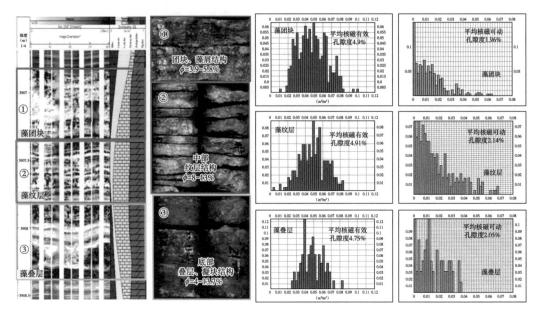

图 3-1-12　柴达木盆地风西地区不同宏观结构藻灰岩孔隙度分布特征图

综上所述，低饱和度油层典型区块的孔隙度、渗透率分析（表 3-1-7），可知其基本特征如下：

（1）不同区块的碎屑岩类低饱和度油层孔隙度和渗透率差异大，大致可分为中高孔渗型和中低孔渗型。

（2）混积岩低饱和度油层孔隙度一般小于10%，渗透率一般低于1md，属低孔低渗储层。

（3）在碎屑岩和混积岩中，低饱和度储层表现为孔隙度和渗透率分布范围宽，离散程度大，非均质性强的特点。

表 3-1-7　典型区块的低饱和度油层孔隙度与渗透率分布特征

盆地	构造带或地区	层系	孔隙度特点		渗透率特点	
			孔隙度（%）	孔隙度类型	渗透率（mD）	渗透率类型
松辽	龙西地区	萨尔图、葡萄花	6~27	中孔	0.03~100	中渗
渤海湾	南堡 2 号构造	东营组	22~30	中高孔	0.2~80	中低渗
	蠡县斜坡带	沙一段	14~23	中低孔	5.7~452	中低渗
鄂尔多斯	环西—彭阳	长 8 段	11~20	中低孔	0.3~50	低渗
柴达木	风西	N_1-N_2^1	0.1~15	中低孔	0.003~117	低渗
吐哈	红台地区	侏罗系	4~12	低—特低孔	0.01~1	特低渗
塔里木	塔中、轮南	石炭系	15~21	中孔	100~500	中高渗

三、含油性特征

从铸体薄片微观特征、含油产状、饱和度及测井特征等分析含油性特征。图 3-1-13 为取自渤海湾盆地饶阳凹陷蠡县斜坡低饱和油层的薄片分析，如图 3-1-13（a）所示，粒间孔隙发育的长石砂岩含油（发黄色和褐橙色光）饱满而均匀，原油主要分布在粒间，其次分布在粒内；而如图 3-1-13（b）和图 3-1-13（c）所示，尽管两者的孔隙类型差异大（前者为粒间孔隙较发育，后者为长石淋滤作用粒内溶孔），但含油级别均较高、达到油浸级别。

（a）激光共聚焦 （b）油浸细砂岩 （c）油浸细砂岩

图 3-1-13 渤海湾盆地饶阳凹陷蠡县斜坡低饱和油层含油性特征图

图 3-1-14 为鄂尔多斯盆地彭阳地区延长组长 8_1 段油藏 45 口井共 288.79m 含油岩心段含油产状分布图。如图 3-1-14 所示，细砂岩含油级别主要为油斑及以上，粉砂岩少部分为油迹，泥质粉砂岩和钙质砂岩不含油。因此，岩性对含油性的控制作用明显。

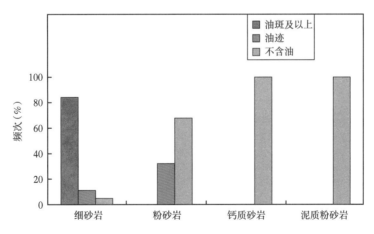

图 3-1-14 鄂尔多斯盆地彭阳地区延长组长 8_1 段岩心含油产状分布图

图 3-1-15 为松辽盆地龙西地区 LO45 井葡萄花油层的测井处理解释成果图，其中 86 号小层的宏观结构为层状结构，井壁取心为油浸、油斑粉砂岩，全烃最大值 21.53%，岩心分析孔隙度为 15.6%，空气渗透率为 16.8mD，深侧向电阻率为 22.0Ω·m，声波时差为 86.0μs/ft，自然电位负异常为 8.7mV，测井计算含油饱和度 61%，表明该层的物性好、含

油性好，与 85 号层合试，压后自喷，日产油 44.34t，为工业油层。

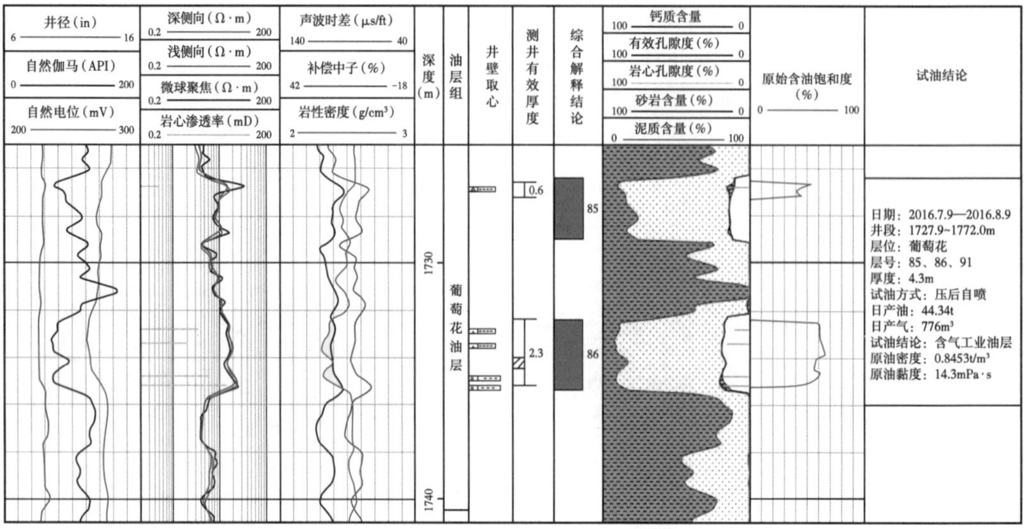

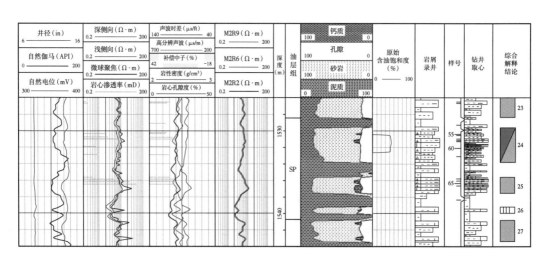

图 3-1-15　LO45 井葡萄花油层层状结构示意图

图 3-1-16 为松辽盆地龙西地区塔 X73 井萨葡夹层的测井处理成果图，图中 24 号层的宏观结构属薄互层结构，取心为油浸、油斑粉砂岩，全烃最大值 1.51%，岩心分析孔隙度为 16.1%，空气渗透率为 3.07mD，深侧向电阻率为 11.3Ω·m，声波时差为 82.4μs/ft，自然电位负异常为 8.5mV，计算含油饱和度 44.1%，解释结论为油水同层。

图 3-1-16　TAX73 井萨葡夹层薄互层结构示意图

柴达木盆地风西地区 N_1-N_2^1 油藏含油性较好，岩心观察以及薄片与扫描电镜分析指出，溶蚀孔、晶间孔均有含油显示（图 3-1-17），其中，油斑级别占含油岩心的 40.6%、油迹级别占 10.7%、荧光级别占 48.7%。

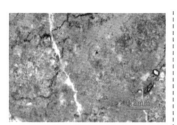

FX2-3井，3980.70m，藻灰岩，
单偏光（铸体）×100

FX2-3井，3267.78m，藻灰岩，
单偏光（铸体）×100

FX2-3井，3881.53m，灰云岩，
扫描电镜×10000

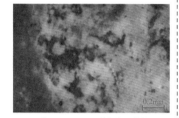
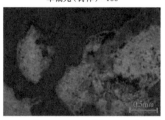

FX2-3井，3267.70m，藻灰岩，荧光×100

FX2-3井，3267.70m，藻灰岩，荧光×50

FX2-3井，3310.92m，灰云岩，荧光×100

藻灰岩，溶蚀孔发育，油斑

藻灰岩，溶蚀孔欠发育，油迹

灰云岩，晶间孔发育，荧光

图 3-1-17　柴达木盆地风西地区 N_1-N_2^1 油藏镜下铸体、扫描电镜、荧光薄片图

通过上述含油性特征分析，并结合不同盆地不同区块发育的低饱和度油层，可知低饱和度油层含油性具有以下特征（表 3-1-8）：

（1）岩屑含油性描述主要以油浸、油斑、油迹为主，饱含油、富含油描述较少。

（2）低饱和度油层含油饱和度分布范围宽，主要分布区间含油饱和度较低。

（3）储层含油性受岩性、物性的影响较大，导致不同地区含油性规律差异较大。

表 3-1-8　典型区块的低饱和度油层含油性特征

盆地	构造带或区块	层系	岩屑含油级别占比（%）			
			油浸及以上	油斑	油迹	荧光
松辽	龙西地	萨尔图、葡萄花	20.5	20.1	33.3	19.5
渤海湾	南堡 2 号构造	东营组	21	43	20	14.5
	蠡县斜坡带	沙一段	55.6	22.4	0.0	4.0
鄂尔多斯	彭阳	长 8 段	1.3	42.8	28.4	4.8
柴达木	风西	N_1-N_2^1	39.7	29.3	20.2	9.7
吐哈	红台地区	侏罗系	5.3	39.2	29.7	24.1
塔里木	塔中、轮南	石炭系	18.5	36.8	21.6	12.3

四、储层厚度

不同盆地典型区块低饱和度油层的储层厚度分布见表 3-1-9，从中可知其基本特征如下：

（1）单层厚度总体不大，一般为 2~3m，但分布范围大，可从 1m 左右变化到 20m，尤以环西—彭阳地区长 8 段厚度为甚，单层厚度接近 10m。单层厚度薄，意味着层内的油气分异作用较弱，易导致油水共存并形成低饱和度油层。

（2）单井累计厚度较大，各区最高均可在 20m 以上，表明低饱和度油层增储增产潜力大。

表 3-1-9　典型区块的低饱和度油层厚度分布特征

盆地	构造带 / 区块	层系	单层厚度范围（m）	单层平均厚度（m）	单井累计厚度（m）
松辽	龙西地区	萨尔图、葡萄花	2.4~6.2	2.2	8~26
渤海湾	南堡 2 号构造	东营组	2.0~6.0	3.0	6~20
	蠡县斜坡带	沙一段	2.4~11.2	3.6	8.4~24.2
鄂尔多斯	环西—彭阳	长 8 段	4.4~20.1	9.7	25~30
柴达木	凤西	N_1-N_2^1	0.6~7.0	2.1	3.7~33.7
吐哈	红台地区	侏罗系	3.0~11.0	4.0	7.4~36.2
塔里木	塔中、轮南	石炭系	0.5~5.0	2.0	8.5~15.5

第二节　"四性"关系特征

储层"四性"关系是指岩性、物性、含油性和电性之间的相互关系，此为测井解释评价的基础，既是流体识别及其图版与标准建立的认识前提，也是孔隙度、渗透率和饱和度等参数建模和有效厚度标准确定的科学依据。

通过松辽盆地龙西与杏西地区的萨尔图油层和葡萄花、渤海湾盆地南堡 2 号构造与蠡县斜坡带、鄂尔多斯盆地环西—彭阳、柴达木盆地凤西地区、吐哈盆地红台地区和塔里木盆地塔中和轮南地区等低饱和度油层的系统对比分析，可总结分析出低饱和度油层的"四性"关系具有岩性控制物性、物性控制含油性、含油性控制电性等三方面的显著特点。

一、岩性控制物性

低饱和度油层岩性差异较大，不同岩性的储层物性存在较为显著的差异，岩性对物性的控制作用明显，为物性变化的主要控制因素。

松辽盆地龙西地区萨尔图油层和葡萄花油层的岩性主要为细砂岩、粉砂岩、泥质粉砂岩和钙质粉砂岩，不同岩性的储层孔隙度和渗透率分布特征差异性明显，如图 3-2-1（a）所示，大多数细砂岩的孔隙度大于 15%，渗透率大于 10mD；大多数泥质粉砂岩和钙质粉砂岩的孔隙度小于 18%，渗透率小于 10mD；粉砂岩的孔隙度和渗透率分布范围广，高值、中值和低值均有分布。图 3-2-1（b）进一步指出，随着钙质含量加大，储层孔隙度明显变低，尤其是当钙质含量大于 20% 时，影响更为突出，这可能与该区的钙质主要为胶结物有关。

柴达木盆地凤西地区 N_1-N_2^1 地层为混积岩类低饱和度油层，其岩性控制物性特征明显。图 3-2-2 压汞曲线指出，藻灰（云）岩的排驱压力明显要低（小于 10MPa），以中喉型和细喉型孔喉为主，而泥质（含泥）灰云岩排驱压力则要高得多（大于 10MPa），以微细喉型孔喉为主。

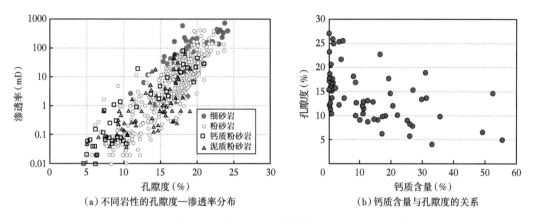

(a) 不同岩性的孔隙度—渗透率分布 　　　 (b) 钙质含量与孔隙度的关系

图 3-2-1　松辽盆地龙西地区葡萄花油层岩性与物性关系图

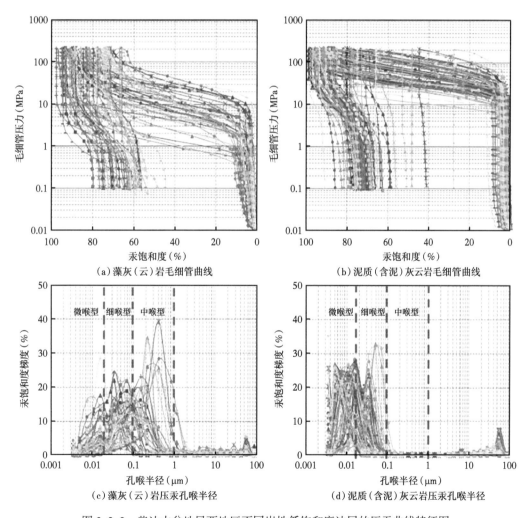

(a) 藻灰 (云) 岩毛细管曲线 　　　 (b) 泥质 (含泥) 灰云岩毛细管曲线

(c) 藻灰 (云) 岩压汞孔喉半径 　　　 (d) 泥质 (含泥) 灰云岩压汞孔喉半径

图 3-2-2　柴达木盆地风西地区不同岩性低饱和度油层的压汞曲线特征图

综合分析 218 个样品的 XRD 矿物含量及核磁共振测井和岩性扫描测井等资料知（图 3-2-3），风西地区岩性控制物性作用如下：

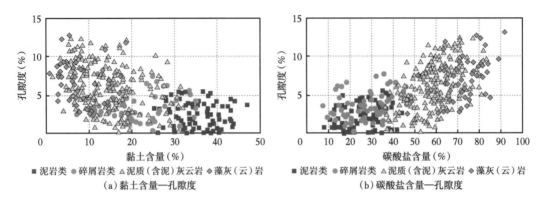

图 3-2-3　柴达木盆地风西地区岩心 XRD 分析的矿物含量和孔隙度关系图

（1）灰云岩和藻灰岩类的物性分布均较广，但藻灰岩物性相对较好，灰质砂岩及泥质岩类物性整体偏差。

（2）对于碎屑岩储层，随着黏土含量和碳酸盐含量增加，孔隙度减小，物性变差，与长英质含量和粒度呈正相关关系。

（3）混积岩低饱和度油层的孔隙度与碳酸盐含量成正比，与黏土含量成反比。

图 3-2-4 进一步指出，黏土含量低、碳酸盐含量较高的深度处，对应的岩心分析孔隙度值大，核磁共振 T_2 谱长分量大，孔隙结构好。

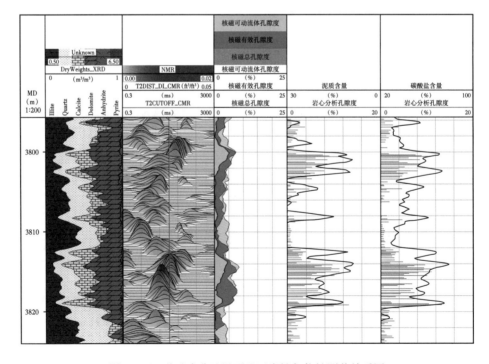

图 3-2-4　柴达木盆地风西地区岩性与物性测井关系图

二、物性控制含油性

储层物性好，排驱压力低，同等烃压力作用下，油气易于进入储集空间而成藏，显然，物性控制含油性是个普适规律。

图 3-2-5 为渤海湾盆地蠡县斜坡 19 口井 E_s^1 油组岩心含油级别与物性分析数据的关系图。从中可看出，富含油级别的岩心孔隙度均大于 15%、渗透率大于 3mD，当孔隙度小于 9%，渗透率小于 0.16mD 时，储层基本不含油；物性好，含油级别高，反之亦然。物性对含油性控制作用明显，物性的差异导致成藏充分性的差异。

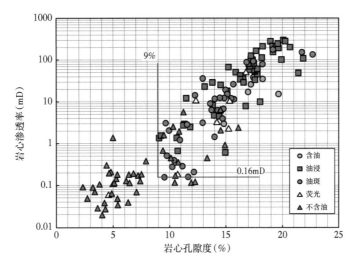

图 3-2-5　渤海湾盆地西柳油田 E_s^1 油组的物性与含油性关系图

含油性好，含油饱和度高。图 3-2-6 蠡县斜坡密闭取心井数据分析表明：储层物性越好，含油饱和度越高。当孔隙度大于 15% 时，渗透率大于 2mD，含油饱和度大于 40%；当孔隙度小于 15% 时，渗透率小于 2mD，含油饱和度小于 40%。

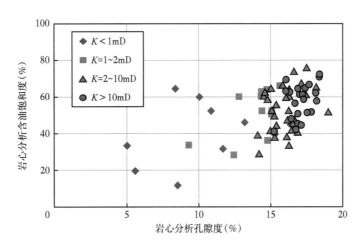

图 3-2-6　渤海湾盆地蠡县斜坡 E_s^1 油组密闭取心井物性与饱和度关系图

同样地，柴达木盆地 FX 地区混积岩储层的物性控制含油性特征明显。岩心含油级别表明［图 3-2-7（a）］，灰云岩含油产状以荧光为主，油斑次之，而藻灰岩含油产状以油斑为主，荧光次之，两者差异较大，藻灰岩含油性明显好于灰云岩，这主要是藻灰岩物性优于灰云岩所致。即使相同岩性，如其物性不同，含油性存在明显不同，如图 3-2-7（b）的岩心分析资料揭示规律所示，藻灰岩的物性好，含油级别明显变高，当孔隙度小于 5%、渗透率小于 0.02mD 时，无显示；当孔隙度大于 7%、渗透率大于 0.8mD 时，显示级别为油斑或油迹。

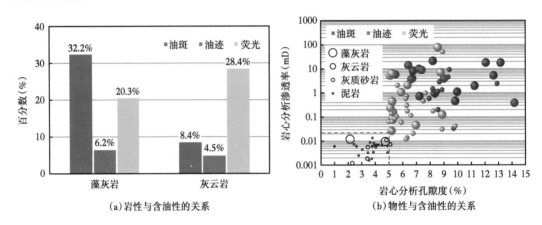

（a）岩性与含油性的关系　　　　　　（b）物性与含油性的关系

图 3-2-7　柴达木盆地风西地区岩性与物性对含油性的控制作用

物性对含油性的控制作用还可直接体现在对饱和度的影响，如图 3-2-8 所示，当物性变差（即 RQI 减小），束缚水饱和度呈指数升高，而束缚水饱和度升高，一般地，含油饱和度可相应地降低。

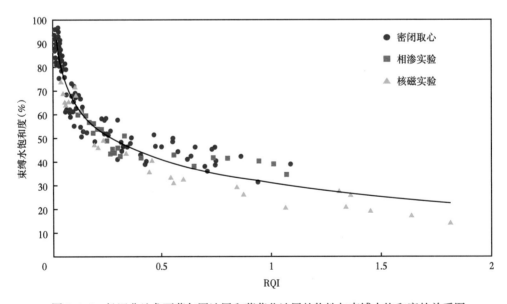

图 3-2-8　松辽盆地龙西萨尔图油层和葡萄花油层的物性与束缚水饱和度的关系图

三、含油性控制电性

含油性对电性的控制作用主要体现在饱和度的变化对电性特征的影响。显然，含油饱和度越高，相同品质的储层电阻率越大，反之亦然。

低饱和度油层由于其含油饱和度较低，导致其电阻率与水层的差异小或者难以区分。如图3-2-9（a）所示，对于淡水地层水的水层，低饱和度油层与水层几乎完全重叠，难以区分；3-2-9（b）则指出，低饱和度油层电阻率较低时，与盐水地层水的水层重叠，而当低饱和度油层的电阻率大于 $10\Omega \cdot m$，则可与水层清楚地划分。

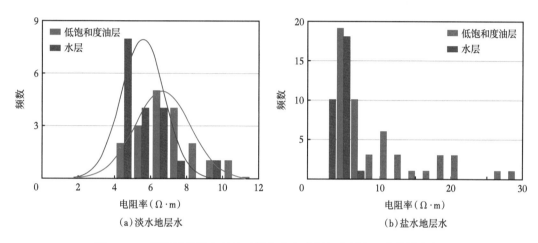

图3-2-9　渤海湾盆地南堡油田低饱和度油层与水层电阻率统计直方图

图3-2-10（a）进一步指出，松辽盆地西斜坡中浅层（葡萄花油层和萨尔图油层）的油层、油水同层和水层的电阻率分布重叠大，区分度低，以常规的电阻率—声波交会图［图3-2-10（b）］更是难以识别。

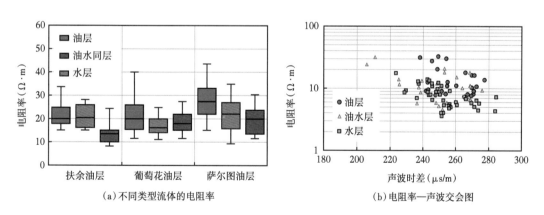

图3-2-10　松辽盆地北部西斜坡中浅层的电阻率特征图

柴达木盆地风西地区 N_1-N_2^1 油藏储层的岩性主要为灰云岩和藻灰岩，含油级别主要为油斑、油迹和荧光。图3-2-11井为FX2-3井典型"四性"关系图，油层（含油饱和度较高深度段）自然伽马低值，自然电位负异常，核磁共振 T_2 谱明显后移，表明中、大孔发育，反映储层渗透性好，电阻率低于围岩。油斑藻灰岩的物性（孔隙度 6.8%~10.8%）和电阻率（13.0~19.3Ω·m），均高于荧光灰云岩的物性（孔隙度 5.0%~8.6%）和电阻率（8.7~10.6Ω·m）。总体上，随着含油性变好，电阻率呈增高趋势，高于水层电阻率，但随着含水率增加，电阻率明显呈降低的趋势，与水层的电性界限进一步模糊、难以区分。

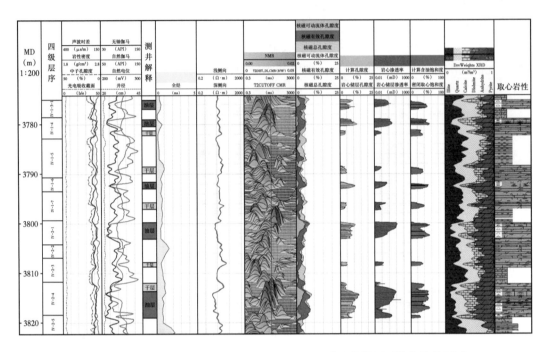

图 3-2-11　柴达木盆地风西地区 FX2-3 井 N_1-N_2^1 油藏储层测井曲线特征图

另外，钻井液的侵入作用可降低油层电阻率，淡水钻井液升高水层电阻率，盐水钻井液降低水层电阻率，如图 3-2-12 所示：

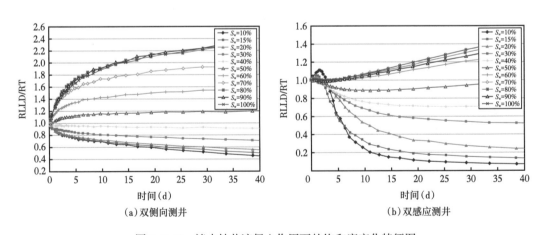

（a）双侧向测井　　　　　　　　　　　（b）双感应测井

图 3-2-12　淡水钻井液侵入作用下的饱和度变化特征图

（1）随着侵入时间加长，油层电阻率不断降低，水层电阻率不断增高，在侵入后 10d 左右，电阻率降低或增高的幅度大，之后变化趋势逐渐减缓。

（2）相同侵入时间下，双侧向测井水层电阻率增高量大，可达 2.4 倍，而双感应测井增高倍数仅为 1.4，表明双侧向测井计算含油饱和度将明显虚高，双感应测井计算的饱和度较为真实地反映未侵入情况；双侧向测井油层电阻率降低幅度较小，仅 0.4 倍，而双感应测井降低幅度大，为 0.1 倍，表明双侧向测井计算的饱和度较为真实地反映未侵入情况。

综上所述，在岩性物性相近条件下，储层的电性受含油性控制作用明显；低饱和度油层的电阻率分布范围较大，与含水率密切相关，且大多数与水层差异小，电阻率识别难度大；钻井液的侵入作用，则进一步复杂化了低饱和度油层的电性特征。

第四章 油水两相渗透率计算

低饱和度油层常油水共存，其生产特征表现为油水共出，但往往产水率差异大，这主要为储层两相流体渗流特征所决定。两相渗流特性受储层孔隙结构、岩石对不同流体的润湿性和油水两相的饱和度等因素共同作用，是研究产液量与产液性质、预测含水率的关键要素。

第一节　相对渗透率岩石物理实验方法

相对渗透率是多相流体共存时，每一相流体有效渗透率与基准渗透率的比值。岩石油水相对渗透率是研究储层两相渗流规律的基础资料，可以在实验室测量获取，测量方法有稳态法和非稳态法两种。

一、稳态法

稳态法是基于达西定律测量相对渗透率曲线，实验流程如图 4-1-1 所示。

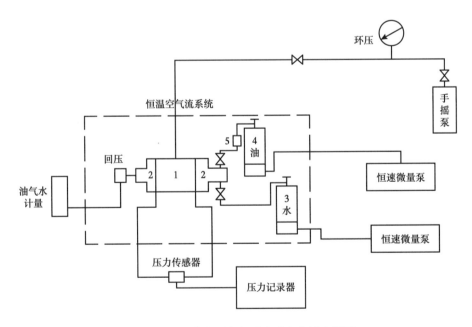

图 4-1-1　稳态发测定相对渗透率装置流程图

1—岩心；2—人造岩心；3—活塞式水容器；4—活塞式油容器；5—过滤器

主要测量过程如下：

（1）岩样洗净烘干，测量岩样尺寸与干重；

（2）测量岩石的孔隙度和绝对渗透率；

（3）岩心饱和一定浓度的盐水后，以油驱水方式至束缚水状态，确定束缚水饱和度，测定束缚水下油的有效渗透率；

（4）总流量保持恒定，将油水按一定比例恒速注入岩样，保持岩心中压力及流量稳态，计量出口端压力及油、水流量。当岩心出口端油水比例与进口端油水比例接近一致时，油水在孔隙中的分布达到平衡，计量岩心中的含水饱和度。并以达西公式计算油相和水相有效渗透率：

$$K_o = \frac{Q_o \mu_o L}{A \Delta p} \times 10^{-1}$$

$$K_w = \frac{Q_w \mu_w L}{A \Delta p} \times 10^{-1}$$

（4-1-1）

式中　Q_o，Q_w——油、水的流量，cm^3/s；

　　　μ_o，μ_w——油、水的黏度，$mPa \cdot s$；

　　　L——岩心长度，cm；

　　　A——岩心端面的截面积，cm^2；

　　　Δp——岩心两端的压力差，MPa；

　　　K_o，K_w——分别为油相、水相有效渗透率，μm^2。

（5）改变油水注入比例，重复步骤（3），即可得到一系列不同含水饱和度时的油相和水相渗透率。

二、非稳态法

1. 基本原理

稳态法测量相对渗透率时，要求每一个测点上岩石中的流体饱和度分布达到稳态状态。岩石越致密，达到稳态所需时间越长，甚至难以达到稳态状态，非稳态法即为克服稳态法测定时间过长而提出的。

非稳态法是以水驱油基本理论（贝克莱—列维尔特驱油机理）为基础，并假设在水驱油过程中，油、水饱和度在岩心中的分布是时间和距离的函数，如图4-1-2所示。在岩石某一截断面上的流量、有效渗透率随饱和度的变化而改变，因此，只要在水驱油过程中能准确地测量出恒定压力下油水流量或恒定流量时的压力，由贝克莱—列维尔特非活塞式驱油理论就可计算出岩心出口断面上任意时刻的含水饱和度及油水的有效渗透率。由于油、水饱和度的大小及分布随时间及距离而变化，整个驱替过程为非稳态过程，所以称该方法为非稳态法。图4-1-3是非稳态法测量岩石相对渗透率的仪器流程。

2. 实验步骤

（1）至（3）：实验步骤与稳态法相同。

（4）以恒定的速度（或压力）进行水驱油（水驱开始前，在岩石入口保持一定的压力，其值应小于测量油相渗透率时的压力）；出口端见水后，计量第一个测点数据，包括岩心两端的压力差、累积产油和累积产水等；其后，相继测量不同时间岩心两端的压力差、累积产油和累积产水；水驱量达到 30 倍孔隙体积后，测量残余油下水的有效渗透率。

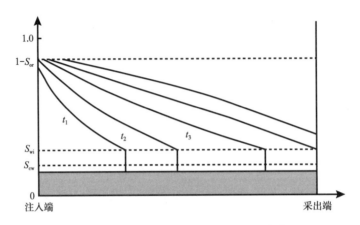

图 4-1-2　水驱油过程中含水饱和度的变化

S_{wi}—岩石束缚水饱和度；S_{cw}—岩石泥质束缚水饱和度；S_{or}—驱替过程中岩石中的剩余含油饱和度

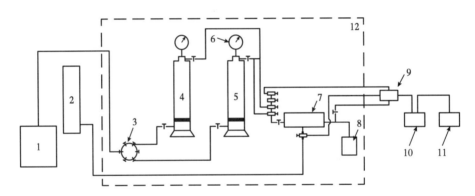

图 4-1-3　非稳态法测量岩石相对渗透率的仪器流程

1—高压平流泵；2—手动计量泵；3—六通阀；4—带活塞的水容器；5—带活塞的油容器；6—压力表；
7—岩心夹持器；8—油水分离器；9—压力传感器组；10—压力显示仪；11—压力记录仪；12—恒温箱

非稳态法计算油和水的相对渗透率计算公式如下：

$$K_{ro(S_{we})} = f_o(S_{we}) \left[d\left(\frac{1}{\overline{V}(t)}\right) / d\left(\frac{1}{I \cdot \overline{V}(t)}\right) \right] \qquad (4\text{-}1\text{-}2)$$

$$K_{rw(S_{we})} = K_{ro(S_{we})} \frac{\mu_w}{\mu_o} \frac{f_w(S_{we})}{f_o(S_{we})} \qquad (4\text{-}1\text{-}3)$$

$$S_{we} = S_{wi} + \overline{V}(S_{we}) - f_o(S_{we})\overline{V}(t) \qquad (4\text{-}1\text{-}4)$$

$$I = \frac{\mu_o Q(t) L}{KA\Delta p(t)} \qquad (4\text{-}1\text{-}5)$$

式中　K_{ro}——出口端饱和度下的油相相对渗透率；

K_{rw}——出口端饱和度下的水相相对渗透率；

S_{we}——出口端含水饱和度；

S_{wi}——岩石束缚水饱和度；

V_p——岩样孔隙体积，cm^3；

$\bar{V}(t)$——无因次累积注水量，$\bar{V}(t) = V_t / V_p$；

V_t、V_o——累积注水量、累积产油量，cm^3；

$\bar{V}_o(t)$——无因次累积产油量，$\bar{V}_o(t) = V_o / V_p$；

$f_o(S_{we})$——出口端含油率（产油量占总产液量的体积百分数）；

$f_w(S_{we})$——出口端含水率（产水量占总产液量的体积百分数）；

I——任意时刻与初始时刻的流动能力比；

K——岩石绝对渗透率，μm^2；

$Q(t)$——t时刻出口端产液量，cm^3/s；

$\Delta p(t)$——t时刻岩样两端压差，$10^{-1}MPa$。

与稳态实验法相比，非稳态实验法具有测定耗时短、速度快，实验设备相比稳态实验设备简单、测定流程少和操作方便等优点。

三、稳态与非稳态相渗实验数据对比分析

稳态法和非稳态法均是直接获取相渗数据的实验方法，由于其测量过程及控制参数有所差异，导致其测量数据不尽相同甚至存在较大差异。如图4-1-4所示，同一块岩样的稳态相渗和非稳态相渗的实验数据对比可以看出：

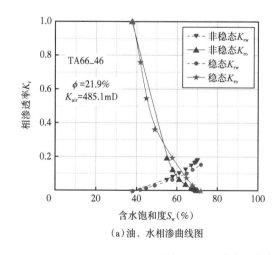
（a）油、水相渗曲线图

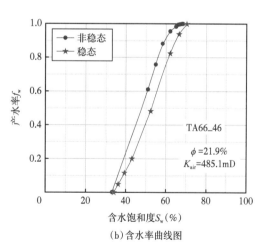
（b）含水率曲线图

图4-1-4　稳态相渗与非稳态相渗实验对比图

（1）稳态相渗的实验取点基本可以达到均匀分布，而非稳态相渗的实验取点则不固定，对于高孔渗储层岩石的第一个实验点靠近束缚水点，低孔渗储层岩石的第一个实验点远离束缚水点，第一个取值实验点随着岩石物性的差异而变化。

（2）无论是相渗图还是含水率图，稳态法与非稳态法两种测量方法获取的实验数据均存在较大差异。

为比较稳态法和非稳态法测量数据的优劣可以通过一口井的实际计算进行对比，选取松辽盆地 TA66 井为例精细说明（图 4-1-5）。该图中，9~14 号层含油饱和度 55%~60%，试油获日产油 52.5t、日产水 12.31m³，产水率 19%。利用稳态法和非稳态法获取的实验数据分别对该段地层计算地层含水率，稳态法计算结果为 11%~22%、非稳态法计算结果为22%~35%，可以看出非稳态法结果高出实际结果，而稳态法计算结果与实际试油结果更接近。

对比两种相对渗透率实验，稳态法计算含水率结果更接近地层静态条件下的地层试油试采产水率，非稳态相渗曲线与井眼附近渗流速度较大的泄油区产液特性更相近。

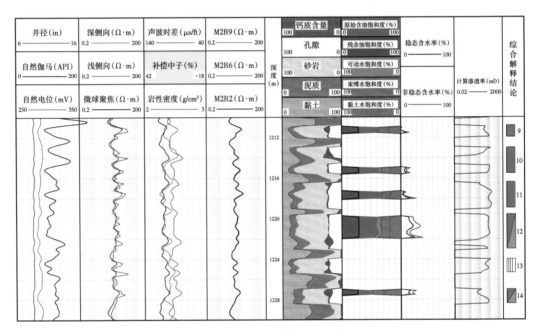

图 4-1-5　TA66 井测井处理成果图

第二节　相对渗透率规律及影响因素

油水相对渗透率曲线可准确描述储层孔隙结构、油水分布状态、油水运动规律及开采特征，但受控因素较多，如储层物性、岩石润湿性、各相流体的性质与饱和度等，导致相对渗透率曲线特征存在较大差异。

一、两相渗透率曲线特征

油水相对渗透率曲线形态反映了储层孔隙结构、油水分布状态、油水运动规律及开采特征。根据相渗曲线的形态特征，大致上可将其分为如下五类，如图 4-2-1 所示。

1. 水相上凹型

水相上凹型相对渗透率曲线又被称为标准型相对渗透率曲线［图 4-2-1（a）］。该类相对渗透率曲线的束缚水饱和度较低，两项共流区较大，水相端点渗透率较高；初期油相相对渗透率曲线急剧下降，随着含水饱和度增加，下降速度减缓；水相相对渗透率随含水饱和度增加而增加，且增加速度越来越快。

水相上凹型相对渗透率曲线属于中高渗孔隙流动系统。曲线对应储层孔隙结构好且非均质性好；储层物性好，孔隙度和渗透率均较高，黏土矿物含量较低且不易膨胀（蒙皂石和伊/蒙混层相对含量低）。

2. 水相直线型

水相直线型相对渗透率曲线简称直线型相对渗透率曲线［图4-2-1（b）］。该类相对渗透率曲线的束缚水饱和度较高，水相端点渗透率较低；油相相对渗透率曲线与第一类相似；水相相对渗透率随含水饱和度增加呈近线性变化。

水相直线型相对渗透率曲线属于低渗孔隙流动系统。曲线对应的储层物性一般；黏土矿物发生膨胀，减弱了水相相对渗透率加速增加的特点；渗透率较低（小于$30 \times 10^{-3} \mu m^2$），裂缝不发育，存储空间和流动通道以孔隙为主。

3. 水相下凹型

水相下凹型又称弓形［图4-2-1（c）］。该类相对渗透率曲线的束缚水饱和度较高，水相端点渗透率较低；油相相对渗透率曲线下降更加陡直；水相相对渗透率在$S_w > S_{wi}$后陡然增加，含水饱和度较高时趋于平缓。

水相下凹型相对渗透率曲线属于低渗敏感性孔隙流动系统。储层孔隙度、渗透率较低，常见于低渗油藏中；储层物性较差，黏土含量较高；储层敏感性强（水敏、盐敏）；黏土膨胀，流动阻力增大，水相相对渗透率增幅减小。

4. 水相上凸型

水相上凸型又称驼峰型［（图4-2-1（d）］。该类相对渗透率曲线的束缚水饱和度较高，水相端点渗透率较低；油相相对渗透率曲线与第三类相似；水相相对渗透率在末端附近呈下降状态。

水相上凸型相对渗透率曲线也是低渗敏感性孔隙流动系统。储层孔隙度、渗透率较低；储层物性差，黏土含量高；储层敏感性强（水敏、盐敏）；黏土矿物膨胀严重，堵塞孔隙、喉道，末端水相相对渗透率下降。

5. 水相靠椅型

水相靠椅型又称直线型—弓型过渡型［图4-2-1（e）］。该类相对渗透率曲线的束缚水饱和度较高，水相端点渗透率较高；油相相对渗透率曲线与第一类相似；水相相对渗透率分为上升段、平缓段、再上升段。

水相靠椅型相对渗透率曲线属低渗裂缝性流动系统。储层存在微裂缝；存储空间以孔隙为主，流动通道以裂缝为主；裂缝渗透率与基质渗透率比值较大（大于5）。

总体来看，五类相对渗透率曲线的油相相对渗透率曲线变化大体一致，水相相对渗透率差异较大。

根据中孔中高渗和低孔低渗两类储层的实际岩心测量数据，两类储层各4块岩心相对渗透率曲线如图4-2-2所示。从图中可以看出，8块岩样的相对渗透率曲线基本为水相上凹型的相对渗透率曲线。

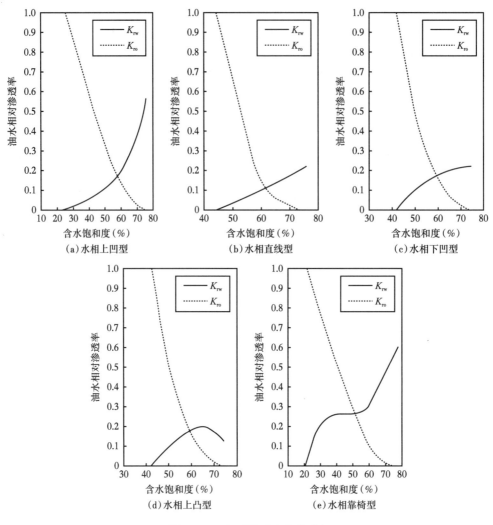

图 4-2-1 相对渗透率曲线形态

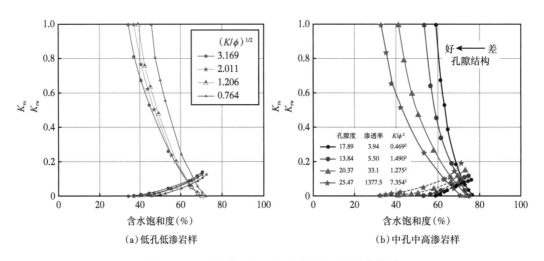

图 4-2-2 两个油田岩心实验油水相对渗透率曲线

二、影响两相渗流的因素

复杂储层条件下，油水流动规律复杂，油水相对渗透率受储层物性（孔隙结构、渗透率、孔隙度、润湿性、黏土含量）、流体性质（黏度）、开发条件（生产压差）和其他因素（温度）多方面影响。

1. 孔隙结构

岩石的孔隙结构是指岩石中孔隙和喉道的几何形状、大小、分布及其相互连通关系。孔隙结构的主要参数为孔喉半径、孔喉比、配位数和迂曲度等。

孔隙结构的宏观反映是孔隙度和渗透率。一般用渗孔比（单位孔隙度的渗透率）、储层品质指数 RQI 等渗透率和孔隙度的组合参数表征储层宏观孔隙结构。

图 4-2-3 是不同渗孔比的三块岩心相对渗透率曲线。可以看出，不同孔隙结构的样品随着孔隙结构变差、束缚水饱和度变大，油相相对渗透率下降快（坡度变陡），水相相对渗透率坡度变化较小，两相渗流共渗区间变窄；随着孔隙结构变差，油相相对渗透率曲线向含水饱和度变大的方向移动。

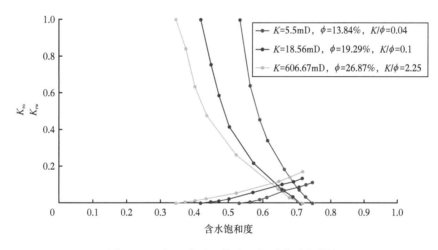

图 4-2-3 松辽盆地 3 块岩心相对渗透率曲线

2. 润湿性

润湿性对岩石相对渗透率有明显的影响。亲油岩石中，油沿孔隙壁面流动，水在孔隙中间流动，油的流动阻力较大，相对渗透率低；亲水岩石中，水分布于孔隙表面，流动阻力大，水相渗透率降低。

图 4-2-4 是不同润湿性岩心的相对渗透率曲线。由图可以看出，岩石由水润湿变为油润湿，同等含水饱和度体积下，油相相对渗透率降低，水相相对渗透率增加；水湿岩石其束缚水饱和度高于油润湿岩石，水湿岩石束缚水饱和度为 30%，而油湿岩石束缚水饱和度仅为 10%；油湿岩石残余油饱和度高于水湿岩石，水湿岩石残余油饱和度为 20%，油湿岩石残余油饱和度为 30%。

3. 黏土矿物

黏土矿物对相对渗透率具有显著的影响作用，其影响主要体现在含量、类型及其各黏土类型相对含量上。一般地，黏土含量增加，有效储集空间减少、渗流能力变差，如黏土类型主要为蒙皂石或伊／蒙混层，则注水过程中易于产生黏土膨胀作用，降低储层的渗流能力。黏土含量越高，越容易出现异常形态的相对渗透率曲线，如图 4-2-5 所示。

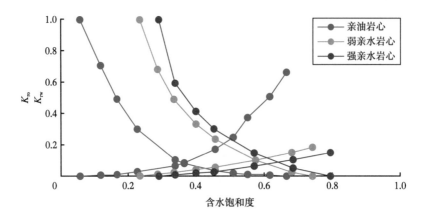

图 4-2-4　不同润湿性岩心相对渗透率曲线

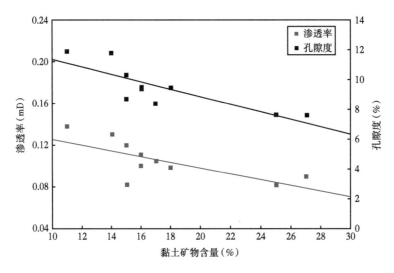

图 4-2-5　黏土含量与孔隙度、渗透率关系

（1）机械搬运—聚积作用：黏土矿物颗粒胶结性较差，易于在注水渗流作用下随流体在孔道中流动，并在流经的孔喉造成堆积堵塞，降低储层有效孔隙度和渗透率。泥质胶结的低渗透储层更易形成黏土固相颗粒的孔道堵塞。

（2）黏土水化作用：黏土矿物的蒙皂石和伊／蒙混层遇水膨胀，易于堵塞孔道，使岩石孔隙结构变差，降低储层渗透率。

4. 驱替压力梯度

一般认为，只要压差不使流速达到能使流体产生惯性力、引起非达西流的程度，相对渗透率则与压力梯度无关。但对于复杂储层尤其是低渗透储层，要考虑压力梯度对相对渗透率曲线的影响。增加驱替压力梯度，可克服细小孔喉中的毛细管力，使水进入微小孔隙而驱替原油，增加剩余油的可动用程度；当驱动压力增加到足以克服非连续相的贾敏效应阻力时，非连续相开始流动，两相区范围增加。

图4-2-6为同一岩心在不同驱替压力梯度下的相对渗透率曲线。从图中可以看出，在相同的孔隙结构及润湿性条件下：驱动压力梯度增加，油水两相的相对渗透率都增加；残余油饱和度减小，两相共渗区范围变宽，相渗曲线右移。

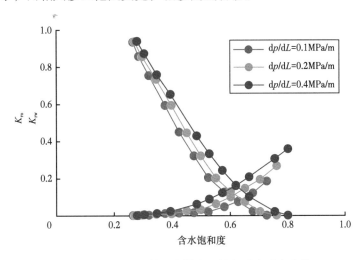

图4-2-6 不同驱替压力梯度下的相对渗透率曲线

5.启动压力梯度

低渗透油藏中，孔喉细小，导致流体的流速低，产生液体的非牛顿流变特性与孔隙介质的骨架存在固液分子力形成吸附滞留层，使得渗流不符合达西定律，流体流动存在启动压力梯度。故需附加一个压力梯度以克服岩石表面吸附膜或水化膜（储层中的蒙皂石或伊/蒙混层类黏土所致）引起的阻力形成流体流动（图4-2-7）。实验表明，渗透率越低，启动压力梯度越高；启动压力梯度与油黏度变化成正比，与黏度引起的流速变化成反比。

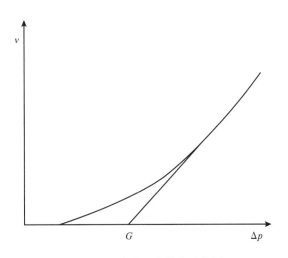

图4-2-7 启动压力梯度示意图

v—流体流度速度；Δp—压力梯度；G—启动压力梯度

启动压力梯度对相对渗透率曲线的影响如图 4-2-8 所示。该图指出,油相启动压力梯度增大时,油相相对渗透率不变,水相相对渗透率减小;水相启动压力梯度的影响可忽略不计。

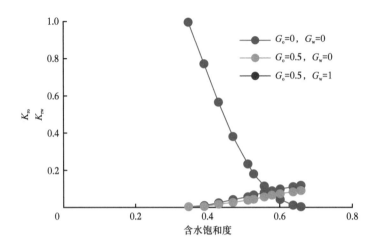

图 4-2-8　不同启动压力梯度岩心相对渗透率曲线

G_o—油相启动压力梯度;G_w—水相启动压力梯度

6. 黏度

黏度是指流体在流动过程中所表现的阻力,即双相流体流动时,流体间流动的内摩擦力。流体的黏度与其性质、埋藏深度、所处温度与压力等因素有关,对相对渗透率曲线具有较大的影响,一般以黏度比描述其对相对渗透率的影响程度。流体黏度比是两相流体黏度比值,通常是指油相黏度与水相黏度之比。

根据 Coton 水膜理论,润湿相吸附在固体表面,可视作一层润湿膜,当非湿相黏度很高时,低黏度的润湿相在孔道壁面形成的薄膜在非湿相流动时起润滑作用,使非湿相流动阻力减小,从而使得非湿相相对渗透率偏高。图 4-2-9 为不同黏度比下的相对渗透率曲线,如图所示油相相对渗透率随黏度比增加而增大,水相相对渗透率基本不受影响;随含水饱和度增加,黏度比影响逐渐减小。

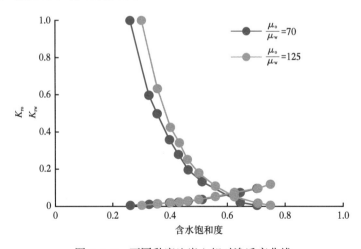

图 4-2-9　不同黏度比岩心相对渗透率曲线

黏度比的影响随孔隙半径增大而减小，当岩石渗透率大于 $1×10^{-3}μm^2$ 时，黏度比的影响可以忽略不计。

7. 温度

储层温度升高，可导致岩石孔隙结构和流体性质发生变化，表现为储层渗透率、岩石润湿性和流体黏度发生改变，进而影响相对渗透率。

岩石表面吸附的活性物质在高温下解吸附，使水转而吸附在岩石表面，岩石变得更加水湿，并且温度升高，导致岩石热膨胀，孔隙结构发生变化，从而束缚水饱和度增加，渗透率也随之改变。另一方面，流体黏度随着温度的变化会出现黏度性能的改变，液体的黏度随温度的上升而变小。

图 4-2-10 为不同温度下的岩心相对渗透率曲线。由图可知，温度升高，束缚水饱和度增加，油相相对渗透率增加，水相相对渗透率降低；相对渗透率曲线右移，水湿性增强。

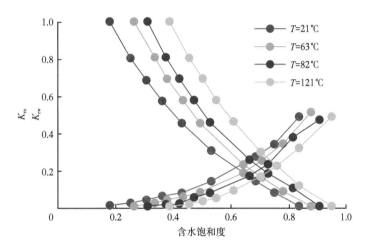

图 4-2-10　不同温度岩心相对渗透率曲线

第三节　两相渗透率计算方法

相对渗透率的模型较多，本节主要介绍相对渗透率模型计算方法和弯曲毛细管模型导电相对渗透率建模理论。

一、相对渗透率计算经典模型

复杂储层的储层物性、流体性质复杂，导致不同储层油水渗流特征差异较大。对于强非均质性储层，相对渗透率曲线形态多样。采用适当的方法，获得能代表储层特征的相对渗透率曲线是关键问题。

目前常用的相对渗透率曲线表征方法有两种，即经验公式法和改进经验公式法，其思路基本一致，即对实验获得的相对渗透率数据进行无因次化处理，并将每一条曲线标准化处理与拟合回归数据处理分析，确定相对渗透率特征曲线。

相对渗透率计算的经典公式主要有两种模型。

1. Chierici 模型

考虑了油水相对渗透率与束缚水饱和度下的油相相对渗透率、归一化含水饱和度的关系，建立了以自然对数为底的指数经验公式：

$$K_{ro} = K_{ro(S_{wi})}\, e^{-aS_{wD}^b} \tag{4-3-1}$$

$$K_{rw} = e^{-cS_{wD}^d} \tag{4-3-2}$$

式中　$K_{ro(S_{wi})}$——束缚水条件下的油相相对渗透率；

　　　S_{wi}——束缚水饱和度；

　　　S_{wD}——归一化含水饱和度；

　　　a，b，c，d——经验系数，可由相渗实验数据刻度得到。

归一化含水饱和度为

$$S_{wD} = \frac{S_w - S_{wi}}{1 - S_{wi} - S_{or}} \tag{4-3-3}$$

以 10 为底的指数公式

$$K_{ro} = 10^{aS_w + b} - C_o \tag{4-3-4}$$

$$K_{rw} = 10^{cS_w + d} - C_w \tag{4-3-5}$$

式中　C_o、C_w——与油相和水相相关的系数，由相渗实验数据刻度得到。

2. Willhite 模型

考虑了油水相对渗透率与归一化含水饱和度、油相端点相对渗透率、水相端点相对渗透率的关系，建立了幂函数经验公式：

$$K_{ro} = K_{ro(S_{wi})} \left(1 - S_{wD}\right)^m \tag{4-3-6}$$

$$K_{rw} = K_{rw(S_{or})} S_{wD}^n \tag{4-3-7}$$

式中　$K_{rw(S_{or})}$——残余油饱和度下的水相相对渗透率。

二、相对渗透率计算建模

上述指数、幂函数经验公式只能拟合特定形态的相对渗透率曲线，对于强非均质性复杂储层，相对渗透率形态多样，其适用性变差。因此，需针对具体区块的岩性、孔隙结构和流体性质等因素，开展实验测量并对实验数据精细分析总结，借助于现有的经典计算公式，明确中高孔渗和中低孔渗两类储层的相对渗透率规律，并确定相应的计算模型。

1. 中高孔渗储层

对中孔中高渗砂岩储层油水两相来说，依据经验模型，可知：

$$K_{rw} = A \left(\frac{S_w - S_{wi}}{1 - S_{wi}}\right)^B \tag{4-3-8}$$

$$K_{ro} = A \left(1 - \frac{S_w - S_{wi}}{1 - S_{wi} - S_{or}} \right)^{(BS_w + C)} \qquad (4-3-9)$$

式中　A，B，C——经验系数，由相渗实验刻度得到。

由式（4-3-8）和式（4-3-9）可知，水相的相对渗透率 K_{rw} 与 $\dfrac{S_w - S_{wi}}{1 - S_{wi}}$ 相关，油相的相对渗透率 K_{ro} 与 $\dfrac{S_w - S_{wi}}{1 - S_w - S_{or}}$ 相关，为此，令：

$$x_1 = \frac{S_w - S_{wi}}{1 - S_{wi}}$$

$$x_2 = \frac{S_w - S_{wi}}{1 - S_w - S_{or}}$$

从 x_1 与 K_{rw} 的相关关系图（图4-3-1）可知，两者呈线性相关关系，且这种相关关系与孔渗指数（单位孔隙度的渗透率）基本无关。从 x_2 与 K_{ro} 的相关关系图（图4-3-2）可知，两者呈指数相关关系，且这种相关关系与孔渗指数基本无关。

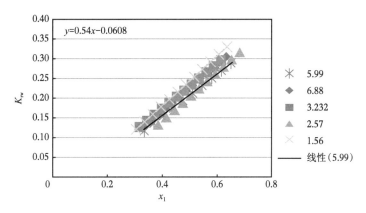

图 4-3-1　K_{rw} 与 x_1 的相关关系图

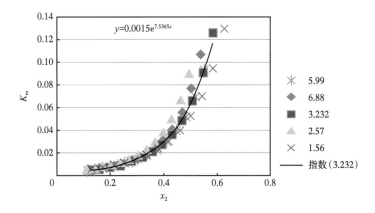

图 4-3-2　K_{ro} 与 x_2 的相关关系图

松辽盆地 LX 地区中浅层的相对渗透率测量数据经整理后，其水相相对渗透率的计算表达式为：

$$K_{rw} = \frac{K_{rw(S_{or})} * \left(S_w^{*n} + a * S_w^* \right)}{1+a} \tag{4-3-10}$$

$$S_w^* = \frac{S_w - S_{wi}}{1 - S_{wi} - S_{or}} \tag{4-3-11}$$

式中　　K_{rw}——水相相对渗透率；

　　　　S_w——含水饱和度；

　　　　S_{wi}——束缚水饱和度；

　　　　S_{or}——残余油饱和度；

　　　　$K_{rw(S_{or})}$——残余油饱和度下的水相相对渗透率。

其油相相对渗透率计算公式为：

$$K_{ro} = K_{ro(S_{wi})} \frac{\left(1 - S_w^*\right)^m + b * \left(1 - S_w^*\right)}{1+b} \tag{4-3-12}$$

式中　　K_{ro}——油相相对渗透率；

　　　　$K_{ro(S_{wi})}$——束缚水饱和度下的油相相对渗透率。

相对渗透率是多相流体共存时，每一相流体有效渗透率与基准渗透率的比值，油水相对渗透率实验中的基准渗透率是基于束缚水饱和度下的油相有效渗透率。因此，束缚水饱和度下的油相相对渗透率 $K_{ro(S_{wi})}$ 为 1。而水相指数 n 和油相指数 m 决定了曲线的形状，此外描述油水相对渗透率曲线主要特征参数为 S_{wi}、S_{or} 和 $K_{rw(S_{or})}$。由此经过多元非线性回归，得到残余油饱和度下水相相对渗透率 $K_{rw(S_{or})}$ 的计算公式为：

$$K_{rw(S_{or})} = 0.120528\phi + 0.077101K^{0.1052} - 0.00612 \tag{4-3-13}$$

应用所建立的计算公式，结合储层孔隙度、渗透率参数，得到计算残余油饱和度下水相相对渗透率与测量值的平均相对误差为 6.1%，模型计算精度较高。

2. 中低孔渗储层

根据中低孔低渗实际岩心数据，4 块岩心绘制的相对渗透率曲线如图 4-3-3 所示。

中低孔低渗储层油水相渗透率对于储层孔隙结构的敏感性相对要弱，图 4-3-4 更是显示了中低孔低渗储层岩石油水相渗透率可能更倾向于对数关系。因此，对于中低孔低渗储层油水相渗曲线表征方法采用对数函数的形式，即式（4-3-14）和式（4-3-15）。

$$\lg\left[K_{ro} / K_{ro(S_{wi})} \right] = a_o \left[\lg(S_{oD}) \right]^2 + b_o \lg(S_{oD}) \tag{4-3-14}$$

$$\lg\left[K_{rw} / K_{rw(S_{or})} \right] = a_w \left[\lg(S_{wD}) \right]^2 + b_w \lg(S_{wD}) \tag{4-3-15}$$

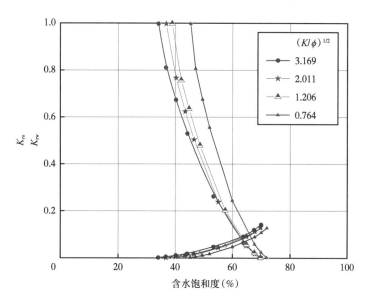

图 4-3-3 中低孔低渗岩样相对渗透率实验数据

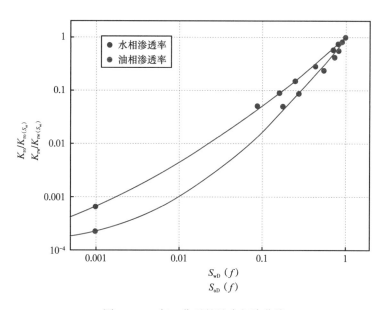

图 4-3-4 归一化后的油水相渗曲线

$$\begin{cases} a_0 = 0.1681 - 0.0097\lg\left(\sqrt{K/\phi}\right) - 0.011\left(\sqrt{K/\phi}\right)^2 \\ b_0 = 1.7606 - 0.0344\lg\left(\sqrt{K/\phi}\right) - 0.051\left(\sqrt{K/\phi}\right)^2 \end{cases} \quad (4\text{-}3\text{-}16)$$

$$\begin{cases} a_{\mathrm{w}} = 0.137 - 0.161 \lg\left(\sqrt{K/\phi}\right) - 0.119\left(\sqrt{K/\phi}\right)^2 \\ b_{\mathrm{w}} = 1.571 - 0.606 \lg\left(\sqrt{K/\phi}\right) - 0.445\left(\sqrt{K/\phi}\right)^2 \end{cases} \quad (4\text{-}3\text{-}17)$$

公式组（4-3-16）、公式组（4-3-17）分别对应油相渗透率公式（4-3-10）、水相渗透率公式（4-3-15）。

第五章 储层分类与关键参数计算

不同区块不同类型低饱和度油层的储层品质存在较大的差异，复杂化了其电性特征及含油饱和度分布特性，模糊了油层与水层的电性特征，导致油层和水层识别困难，为精准地评价低饱和度油层，首先需开展储层有效性评价与储层分类，并研究有效孔隙度计算方法；其后，考虑到低饱和度油层的油水共存特点，需在储层有效性与分类研究基础上，进一步研究可动水饱和度与含水率计算模型；由此构成低饱和度油层测井评价的关键参数计算方法系列。

第一节 储层分类

本节着重阐述流动单元指数法、核磁共振 T_2 谱三分量法和岩石物理相等三种储层分类方法。

一、流动单元指数法

定义流动单元指数 FZI 为

$$FZI = RQI / \phi_z \tag{5-1-1}$$

其中：

$$RQI = 0.0314 \sqrt{\frac{K}{\phi}} \tag{5-1-2}$$

$$\phi_z = \frac{\phi}{1-\phi} \tag{5-1-3}$$

式中   FZI——流动单元指数；

  ROI——储层品质指数；

  ϕ_z——归一化孔隙度；

  ϕ——孔隙度；

  K——渗透率。

FZI 是反映储层渗透率和孔喉特征的综合参数。相同 FZI 值的储层单元具有相似的孔喉结构特征，属于同一类型储层。根据压汞实验所获取的毛细管压力曲线可确定反映储层类别的信息，如图 5-1-1 所示。该图为松辽盆地 LX 地区萨尔图油层 14 口取心井 108 块的压汞毛细管压力曲线，基于这些曲线形态特征，可将储层分为三类，并据 FZI 计算值的概率分布图（图 5-1-2），可确定这三类储层的划分标准，即 I 类储层：FZI ＞ 3；II 类储层：3 ≥ FZI > 0.6；Ⅲ类储层：FZI ≤ 0.6。

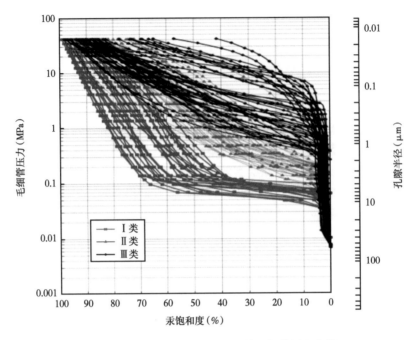

图 5-1-1 龙西地区萨尔图油层的毛细管压力曲线

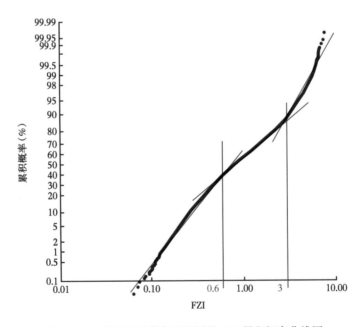

图 5-1-2 龙西地区萨尔图油层的 FZI 累积概率曲线图

综合毛细管曲线所确定的孔喉半径均值、排替压力、分选系数和结构系数等参数，可进一步确定多参数的储层分类标准，如表 5-1-1 所示。

表 5-1-1　龙西地区萨尔图油层岩心实验分析的储层分类表

储层类别	压汞参数				物性参数	
	孔喉半径均值（μm）	排替压力（MPa）	分选系数	结构系数	RQI	FZI
Ⅰ	3.710~8.916	0.034~0.077	2.49~4.48	2.22~5.59	0.732~2.129	> 3
Ⅱ	0.131~2.587	0.069~0.345	2.65~4.19	0.22~9.19	0.165~0.576	0.6~3
Ⅲ	0.035~0.726	0.192~5.526	1.22~3.03	0.09~8.09	0.024~0.166	≤ 0.6

各类储层的特征描述如下：

Ⅰ 类储层：孔喉半径均值大，排驱压力小，分选系数大，结构系数大，RQI 在 0.732~2.129 之间，FZI 大于 3；核磁共振实验指示孔隙以可动孔隙为主［图 5-1-3（a）］，激光共聚焦显微图像显示含油饱满，原油在大小孔隙中均有分布，地层水主要分布于微细孔隙中［图 5-1-4（a）］，含油饱和度为 45%~65%。

Ⅱ 类储层：孔喉半径均值、排驱压力、分选系数位于 Ⅰ 类与 Ⅲ 类储层之间，RQI 在 0.165~0.576 之间，FZI 在 0.6~3 之间；核磁共振实验指示可动孔隙与束缚孔隙相当［图 5-1-3（b）］，激光共聚焦显微图像显示含油中等，原油和地层水在大孔隙中均有分布［图 5-1-4（b）］，存在可动水，含油饱和度一般在 30%~50%。

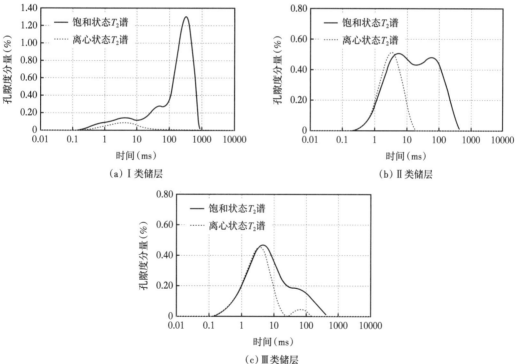

（a）Ⅰ类储层

（b）Ⅱ类储层

（c）Ⅲ类储层

图 5-1-3　大庆 LX 地区各类储层典型样品核磁 T_2 谱图

Ⅲ 类储层：具有孔喉半径均值小、排驱压力大、分选系数小、结构系数小的特点，RQI 介于 0.024~0.166，FZI 小于 0.6；核磁共振实验指示孔隙以束缚孔隙为主［图 5-1-3（c）］，激光共聚焦显微图像显示含油较差，原油主要分布于小孔隙中［图5-1-4（c）］，含油饱和度一般在30%以下。

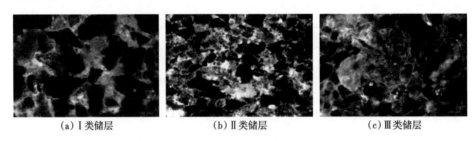

（a）Ⅰ类储层　　　　　　（b）Ⅱ类储层　　　　　　（c）Ⅲ类储层

图5-1-4　大庆LX地区各类储层典型样品激光共聚焦显微图片

亮黄色—油；蓝色—水；黑色—矿物颗粒

二、核磁共振 T_2 谱三分量法

核磁共振测井 T_2 分布谱能直观地反映储层物性和孔隙结构，据此可有效开展储层分类研究。

根据渤海湾盆地蠡县斜坡带东营组储层的核磁共振测井 T_2 谱的分布特征，可以 $T_2 >$ 125ms、25ms $< T_2 \leqslant$ 125ms 以及 $T_2 \leqslant$ 25ms 的划分标准将 T_2 谱划分为三个区间，并可令其对应于储层的大孔分量（孔隙度）、中孔分量（孔隙度）和小孔分量（孔隙度），结合核磁共振测井所计算有效孔隙度，两两交会分析自然工业产能（Ⅰ类储层）、压裂工业产能（Ⅱ类储层）和压裂低产层（Ⅲ类储层）等三类储层的交会图特征，如图5-1-5所示，并建立储层分类标准（表5-1-2）。

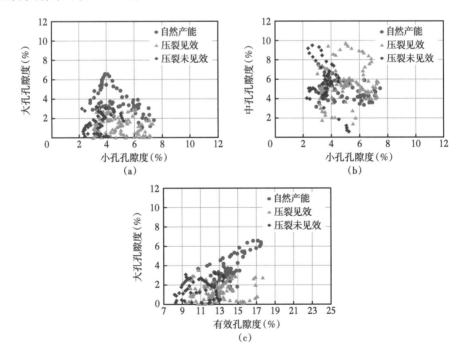

图5-1-5　核磁共振测井三分量孔隙度及有效孔隙度两两交会图

表 5-1-2 渤海湾盆地蠡县斜坡带核磁共振测井三分量储层分类标准

储层类别	中孔隙占总体积比 （%）	大孔隙占总体积比 （%）
Ⅰ类	4.8~7.6	7.1~14.3
Ⅱ类	0.2~7.7	0.4~12.8
Ⅲ类	0.2~4.2	0.1~3.3

Ⅰ类储层：可获自然工业产能，大、中、小孔的孔隙度均在 3%~6%，孔隙半径分布均匀，有效孔隙度大于 13%。

Ⅱ类储层：自然低产层但压裂后可获工业油流，大孔孔隙度小于 4%，中孔、小孔孔隙度均在 6% 左右，有效孔隙度介于 10%~15% 之间。

Ⅲ类储层：自然低产层且压裂难获工业油流，大孔孔隙度小、介于 0~3% 之间，中孔孔隙度大、主要分布于 4%~10% 之间，小孔孔隙度 2%~4%，即大孔和小孔占比低，中孔占优。有效孔隙度小于 13%。

三、岩石物理相方法

岩石物理相可定义为多种地质作用形成的储层成因单元，反映地层的沉积、成岩和后期构造改造等方面作用的综合效应，如储层的岩性、物性、孔隙结构、流体、润湿性、厚度、温度和压力等表征宏观特征和微观特征的物理参数。因此，可据沉积微相、岩性、岩相、成岩、裂缝和孔隙结构等特征实现岩石物理相分类，即储层分类。

根据渤海湾盆地南堡凹陷中深层低含油饱和度油层的储层特征，分别建立岩性岩相、成岩相与孔隙结构相的测井特征及其分类标准，并进一步总结形成四类岩石物理相的特征（图 5-1-6 和表 5-1-3），以此研究其油层发育规律。

由表 5-1-3 可得：

（1）PF1 相：为有利的沉积微相（水下分流河道及河口坝微相），在经历建设性成岩相（主要为溶蚀相）改造后形成，多形成Ⅰ类粗孔粗喉型孔隙结构相，储集层物性特征较好。

（2）PF2 相：为有利的沉积微相，在经历了一定成岩作用（溶蚀相及黏土矿物充填相）后形成，孔隙结构多属Ⅰ类和Ⅱ类孔隙结构相，储集层物性特征相对较好，多发育低含油饱和度油层。

（3）PF3 相：为有利的沉积微相，经历破坏性成岩作用（压实致密相及碳酸盐胶结相）控制并经历了破坏性成岩作用所形成，多为Ⅲ类和Ⅳ类细孔细喉型孔隙结构相，储集层物性特征较差，发育低饱和度油层。

（4）PF4 相：在不利的沉积微相（水下分流间湾）下，经过破坏性成岩相叠加形成的Ⅲ类及Ⅳ类孔隙结构相，储层物性特征差，多为非储层与干层。

综上所述，PF2、PF3 为有利储层，且发育低含油饱和度油层。

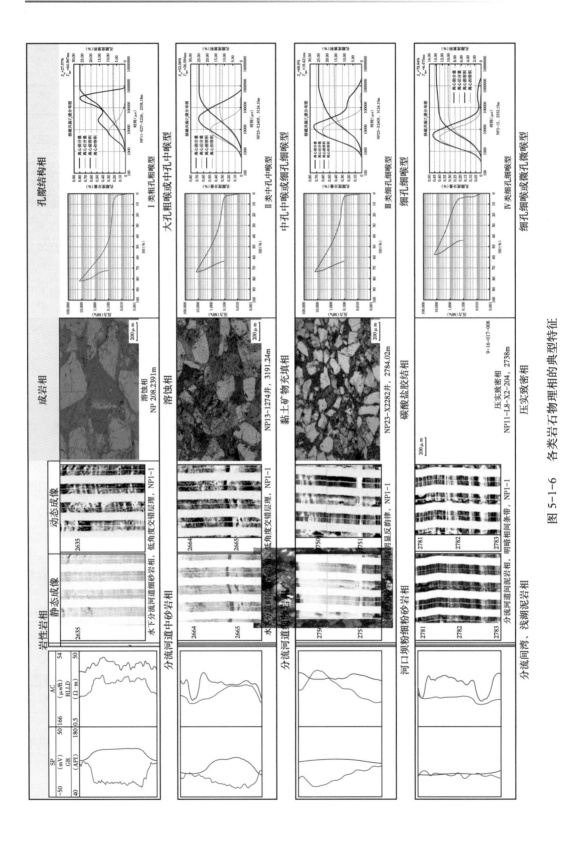

图 5-1-6　各类岩石物理相的典型特征

表 5-1-3　各类岩石物理相的分类标准

岩石物理相	岩性岩相	成岩相	孔隙结构相	束缚水饱和度（%）
PF1	分流河道中砂岩、河口坝中粉细砂岩	溶蚀相为主	大孔粗喉型为主	< 40
PF2	分流河道细砂岩、河口坝中粉细砂岩	溶蚀相、黏土矿物充填相	中孔中喉型为主	40~60
				40~60
PF3	分流河道细砂岩、河口坝粉细砂岩	溶蚀相（弱）、黏土矿物充填相	细孔细喉型为主	> 60
				> 60
PF4	河口坝中粉细砂岩、水下分流间湾泥、浅湖泥岩	压实致密相、碳酸盐胶结相	微孔微喉型为主	> 80

第二节　可动孔隙度计算

图 5-2-1 为低饱和度油（气）层的体积模型。从图可以看出，油气赋存于孔隙半径较大的可动孔隙中，且孔隙中可能存在可动水，毛细管束缚水束缚于孔隙半径中等的储集空间中，为条件可动即当生产压差或压裂改造充分时，才可流动。因此，为准确计算低饱和度油层的相渗透率和含水率，需在确定有效孔隙度基础上，进一步计算可动流体孔隙度（简称可动孔隙度）。可动孔隙度计算方法可以常规测井和核磁共振测井资料计算。

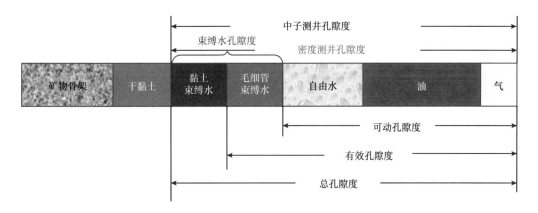

图 5-2-1　低饱和度油（气）层的岩石体积模型

一、常规测井方法

可动孔隙度是指有效孔隙度中可动流体赋存的储集空间，为可动流体赋存的孔隙体积与岩石总体积之比。在不含气的储层中，可动孔隙度是可动油孔隙度与可动水孔隙度之和。可动孔隙度可以通过有效孔隙度与残余油饱和度、束缚水饱和度（为毛细管束缚水和黏土束缚水的饱和度之和）求取：

$$\phi_{\mathrm{m}} = \phi_{\mathrm{t}} \cdot (1 - S_{\mathrm{wi}} - S_{\mathrm{or}}) \qquad (5\text{-}2\text{-}1)$$

式中　ϕ_{m}——可动孔隙度；

　　　ϕ_{t}——总孔隙度；

S_{wi}——束缚水饱和度；

S_{or}——残余油饱和度。

有效孔隙度则指岩石有效储集空间与岩石体积比，与总孔隙度的关系为：

$$\phi_e = \phi_t - \phi_{wb} = \phi_t \cdot (1 - S_{wb})\qquad(5\text{-}2\text{-}2)$$

式中　ϕ_e——有效孔隙度；

　　　ϕ_{wb}——黏土束缚水孔隙度；

　　　S_{wb}——黏土束缚水饱和度。

常规测井的有效孔隙度计算方法较为成熟，可据图 5-2-1 的体积模型，采用孔隙度测井的两两交会方法确定。若岩石矿物骨架复杂，则采用混合骨架值。从而，常规测井计算的可动孔隙度公式为：

$$\phi_m = \frac{\phi_e}{(1 - S_{wb})}(1 - S_{wi} - S_{or})\qquad(5\text{-}2\text{-}3)$$

式（5-2-3）中，关键是要准确确定黏土束缚水饱和度和束缚水饱和度。

二、核磁共振测井方法

核磁共振测井可描述地层的孔隙半径分布，且认为当岩石孔隙半径较小时，其中的流体由于毛细管压力和表面束缚效应而无法流动，成为不可动流体；反之，则为可动流体，从而可以核磁共振测井计算可动孔隙度。

如图 5-2-2 所示，可动孔隙度为：

$$\phi_m = \phi_t - \phi_{wi}\qquad(5\text{-}2\text{-}4)$$

式中　ϕ_{wi}——束缚水孔隙度（黏土束缚水和毛细管束缚水的孔隙度之和）。

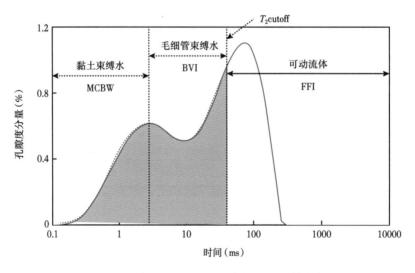

图 5-2-2　核磁共振测井的可动孔隙度 T_2 截止值确定示意图

确定可动孔隙度的关键是确定 T_2 截止值即 $T_{2\text{cutoff}}$，可据核磁共振实验确定。

$$\phi_{\text{m}} = \frac{\int_{T_{2\text{min}}}^{T_{2\text{max}}} A\left(T_2\right) \mathrm{d}T_2 - \int_{T_{2\text{min}}}^{T_{2\text{cutoff}}} A\left(T_2\right) \mathrm{d}T_2}{100} \qquad (5\text{-}2\text{-}5)$$

式中　$A\left(T_2\right)$——核磁共振测井的 T_2 谱，ms；

　　　$T_{2\text{cutoff}}$——核磁共振 T_2 谱的可动孔隙度截止值，ms。

第三节　可动水饱和度计算

可动水饱和度是指可动流体体积中地层水的体积占比，可在储层总含水饱和度和束缚水饱和度的计算基础上确定，即

$$S_{\text{wm}} = S_{\text{wt}} - S_{\text{wi}}$$

式中　S_{wm}——可动水饱和度；

　　　S_{wt}——储层总含水饱和度。

一、总含水饱和度计算

总含水饱和度是指储集层孔隙中地层水的孔隙体积占总孔隙体积的百分数，常可用电阻率饱和度模型和非电阻率方法确定。

1. 阿尔奇模型法

由于油、气和骨架均可认为不导电，则纯地层（不含黏土）中仅地层水可导电，其电阻率与地层孔隙度、孔隙结构及地层水矿化度等有关，可用阿尔奇公式表达：

$$S_{\text{wt}} = \left(\frac{abR_{\text{w}}}{R_{\text{t}}\phi^{\text{m}}}\right)^{1/n} \qquad (5\text{-}3\text{-}1)$$

式中　R_{w}——地层水电阻率（可据自然电位测井幅度或地层水取样而确定），$\Omega \cdot \text{m}$；

　　　R_{t}——地层电阻率（为减少钻井液的侵入作用，常采用深探测电阻率测井值），$\Omega \cdot \text{m}$；

　　　ϕ——孔隙度；

　　　a，b——岩性系数；

　　　m——孔隙指数，与孔隙结构有关；

　　　n——饱和度指数，与油气、水在孔隙中分布有关。

式（5-3-1）中，将 a、b、m 和 n 统称为岩电参数，据岩电实验而确定。如果目的层的岩性变化小，孔隙结构单一，可选取固定的岩电参数，如图 5-3-1 所示。根据 16 块岩样的地层因素与孔隙度关系图和电阻增大率与含水饱和度关系图分别确定 a 和 m、b 和 n 值，即 $a=1.1265$，$m=1.884$，$b=1.001$，$n=1.801$。

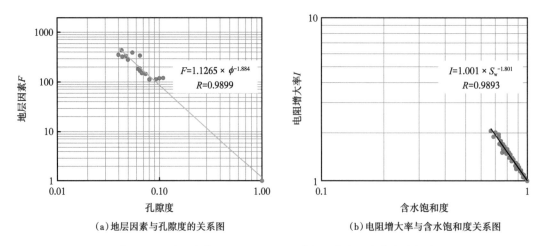

（a）地层因素与孔隙度的关系图　　　　（b）电阻增大率与含水饱和度关系图

图 5-3-1　柴达木盆地 FX 地区 N_1-N_2^1 灰云岩岩电参数变化规律

同样地，塔里木盆地不同区块不同层段的岩电参数值如表 5-3-1 所示。

表 5-3-1　塔里木盆地不同区块不同层段岩电参数统计表

区　块	层位	岩电参数			
		a	b	m	n
轮南区块	JIII	1.165	1.0609	1.688	1.517
	JIV	1.0732	1.0083	1.741	1.837
	TI	1.0637	1.039	1.8	1.81
	TII	1.1256	1.0323	1.755	1.848
	TIII	1.1058	1.0746	1.755	1.665
英买 46 区块	Klbx	1.8178	1.0227	1.491	1.698
玉东 7 区块	Klbx	0.741	1.0137	1.936	1.582

对于岩性和孔隙结构复杂的地层，采用固定岩电参数计算含水饱和度可能存在较大的误差，难以保证其计算精度，因此采用变岩电参数。通过研究渤海湾盆地南堡凹陷东营组岩石的 m、n 与地层水矿化度、孔隙度结构指数、黏土含量之间的关系，建立的变 m、n 计算模型：

$$\begin{cases} m = 1.7041 - 0.09445R_\mathrm{w} + 0.3798\sqrt{\dfrac{K}{\phi}} - 0.03232V_\mathrm{cl} \\ n = 2.10815 - 0.14813R_\mathrm{w} - 0.30375\sqrt{\dfrac{K}{\phi}} - 0.03945V_\mathrm{cl} \end{cases} \quad （5\text{-}3\text{-}2）$$

如果地层中黏土含量较高，可采用西门杜公式或印度尼西亚公式计算总含水饱和度。当黏土类型主要为蒙皂石、伊/蒙混层，且地层水矿化度较低时，即黏土存在较强的附加导电作用，则可采用 Waxman-Smits 公式计算总含水饱和度。

2. 介电扫描测井法

考虑到矿物与油气的介电常数差别不大，但它们却远低于水的介电常数。因此，可以介电扫描测井较为准确地确定地层中含水孔隙体积即含水孔隙度，并对比其他测井方法所计算的总孔隙度而提供不依赖于电阻率的总含水饱和度，即

$$S_{wt} = \frac{\phi_w}{\phi_t}$$

（5-3-3）

式中　ϕ_w——介电扫描测井计算的地层总含水孔隙度；

　　　ϕ_t——核磁共振测井或密度等测井计算的为总孔隙度。

图 5-3-2 为介电扫描测井计算总含饱和度的实例。第四道中，2395~2426m 深度段上，核磁共振测井计算的总孔隙度大于介电扫描测井计算的含水孔隙度，表明存在油气孔隙度，从而计算出含油气饱和度为 20%~40%；2426m 以下，核磁共振测井总孔隙度基本等于介电测井含水孔隙度，表明孔隙中基本为地层水所饱满，总含水饱和度基本为 100%。

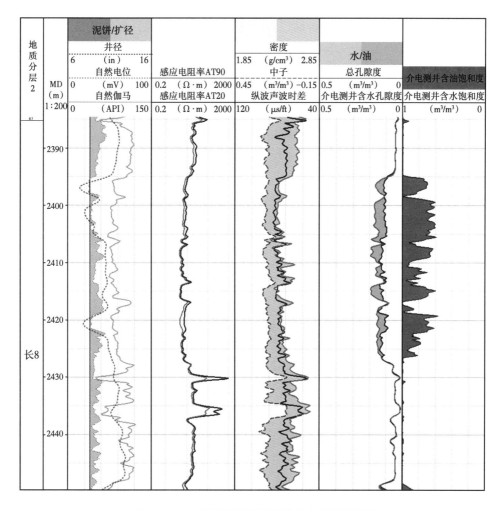

图 5-3-2　介电扫描测井计算总含水饱和度实例

介电扫描测井计算总含水饱和度具有如下几点技术优势：

（1）无需地层电阻率，避免了复杂储层的电性响应复杂（如层薄、孔隙结构、各向异性和钻井液侵入等）所导致的确定真电阻率的难题。

（2）无需地层水电阻率。避免了其值确定的难题，如储层致密时，自然电位响应差；或水层试油少或试油不产水。

（3）无需岩电参数。复杂储层尤其是致密储层的岩电实验十分困难，准确确定岩电参数难度大，储层孔隙结构复杂时更是如此。

（4）介电扫描测井的纵向分辨率高，可达 1in，对于薄互层十分有利。

当然，同时也应该看到介电扫描测井的劣势，如探测深度浅（4in 左右，受钻井液侵入较大，但储层致密时可认为侵入作用弱），需借助于元素全谱测井精细确定矿物含量以准确计算骨架的介电常数，需根据储层特征优选反演模型。

3. 元素全谱测井法

不同类型储层中有机碳存在形式存在差异：常规储层以油气形式存在，非常规储层主要以干酪根形式存在，煤层中主要以固定碳的形式存在。假设储层侵入深度较浅，且不含干酪根和煤，可直接应用有机碳评价储层含油性，其含油饱和度计算公式如下：

$$\begin{cases} S_o = \dfrac{TOC \cdot \rho_{ma} \cdot (1-\phi_t)}{\rho_o \cdot X_o \cdot \phi_t} \times 100 \\ S_{wt} = 100 - S_o \end{cases} \quad （5-3-4）$$

式中　TOC——元素全谱测井计算的总有机碳含量，%；

　　　ρ_{ma}——地层的骨架密度，g/cm^3；

　　　ϕ_t——地层的总孔隙度；

　　　ρ_o——原油的密度（轻质油约为 0.85，沥青约为 1.01~1.15），g/cm^3；

　　　X_o——原油的碳元素含量（与油的品质相关，一般为 0.85）。

图 5-3-3 为元素全谱测井计算总含水饱和度的实例。该图中，以核磁共振测井计算地层的总孔隙度（第五道），以元素全谱测井计算地层的总有机碳含量（倒数第二道），并以式（5-3-4）将其转换为总含油饱和度（倒数第一道），由此获取总含水饱和度。

式 (5-3-4) 中，核心参数是总有机碳含量 TOC，目前只有以元素全谱测井才能确定其值。考虑到元素测井的探测深度较浅（10~20cm），其确定的 TOC 可能受钻井液侵入作用，导致计算值偏低，即含油饱和度偏低、总含水饱和度偏高；另一方面，如果地层中发育干酪根，则元素全谱测井计算的 TOC 将包括干酪根中的 TOC，这将导致计算的含油饱和度偏高，总含水饱和度偏低，因此，应用式（5-3-4）之前，应进行干酪根校正；最后，由于气层的有机质含量有限，TOC 通常较低，此方法不适用于计算气层或气水同层的含水饱和度。

二、束缚水饱和度计算

束缚水饱和度是包括黏土束缚水饱和度和毛细管束缚水饱和度两部分。其中，黏土束缚水赋存方式复杂多样，主要有：

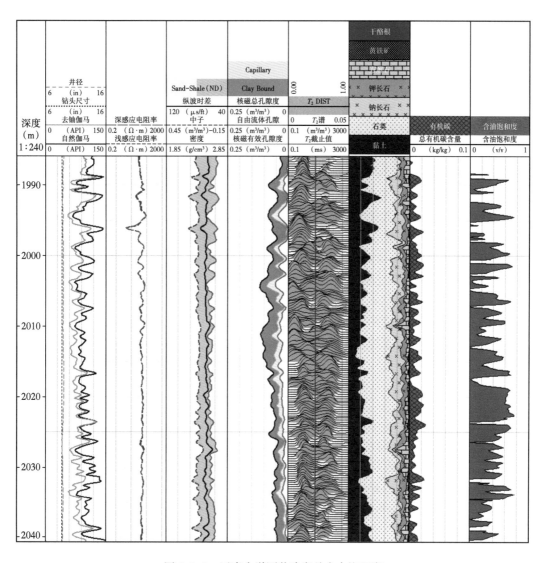

图 5-3-3 元素全谱测井确定总含水饱和度

（1）化合水：以 OH⁻ 和 H3O⁺ 的形式参与组成晶体结构，并具有固定的配位位置和确定的含量比。结构水只有在高温（500~900℃ 或更高）下，才能被脱去，且常导致晶格的破坏。

（2）吸附水：由于分子间引力和静电力作用，具有极性的水分子被吸附到黏土矿物表面上，在黏土矿物表面形成一层水化膜，并随矿物颗粒一起运动。可进一步分为薄膜水、毛细管水、强结合水和弱结合水。强结合水也称为吸附结合水，它与黏土矿物薄膜的活性中心直接水合，具有较高的黏滞性和塑性抗剪强度；弱结合水是高度水化的阳离子扩散层内的渗透吸附水。吸附水在黏土矿物中的含量是不定的，随环境的温度和湿度等条件而变。常压下当温度达到 110℃ 时，吸附水基本全部失去，吸附水失去后对黏土矿物的结构无影响。

（3）层间水：存在于黏土矿物晶体层间内的水。层间水参与组成矿物的晶格，但其含量的变动范围大，与吸附的阳离子种类有关，如蒙皂石，当层间阳离子为 Na⁺ 时常形成一个水分子层，若为 Ca²⁺ 则常形成两个水分子层。另一方面，层间水的含量随外界温度和湿度的变化而变，当温度达到 110℃ 时即大量逸散，但在潮湿的环境中又可重新吸收水分，层间水的失去并不导致矿物结构单元层的破坏，却使单元层的厚度减小，从而引起晶胞参数的减小。

（4）结晶水：参与组成矿物晶格，有固定的配位位置和确定的含量比，一般需要较高的温度（200~500℃ 或更高）才能脱去。结晶水被脱去后，矿物原有的晶格往往会被破坏。

由上可知，黏土束缚水以物理方式（如射孔、压裂等）不能形成流动，但在化学作用（如高温）下可被脱去。

毛细管束缚水是指由于孔喉半径较小束缚于毛细管中的地层水，此类水为条件可动，在一定的生产压差、射孔和压裂等措施物理作用下，可以流动出来，这也是低饱和度油层的产水率常随着生产压差的变动而出现较大的变化。束缚水饱和度的计算方法有核磁共振测井 T_2 截止值法、常规测井方法和矿物含量方法等。

1. 核磁共振测井 T_2 截止值法

核磁共振测井是目前估算地层束缚水饱和度最直接有效的方法。该方法的关键是准确确定束缚水储集孔隙所对应的最大 T_2 值，即 T_2 截止值，具体计算方法如下：

如图 5-2-2 所示，如据核磁共振实验已确定出 T_2 截止值，则束缚水饱和度为

$$S_{wi} = \frac{\int_{T_{2min}}^{T_{2cutoff}} A(T_2) dT_2}{\int_{T_{2min}}^{T_{2max}} A(T_2) dT_2} \quad (5-3-5)$$

式中　$T_{2cutoff}$——T_2 谱的束缚水饱和度截止值，ms；

　　　T_{2min}——核磁共振测井仪所能测量的最小横向弛豫时间（一般取 0.5ms），ms；

　　　T_{2max}——核磁共振测井仪所能测量的最大横向弛豫时间（一般取 3000ms），ms。

式（5-3-5）中，T_{2min} 和 T_{2max} 两参数与核磁共振测井仪有关相对固定，关键是 $T_{2cutoff}$ 的准确确定。考虑到储层岩性、物性、润湿性和孔隙结构等诸多因素对 T_2 谱的影响，T_2 截止值确定并不是件容易之事，尤其是采用固定的 T_2 截止值（如取 33ms）往往并不能完全适用于复杂储层的束缚水饱和度计算（其计算值与压汞等实验所确定值存在较大的差异），为提高核磁共振测井计算束缚水饱和度的精度，提出了逐次逼近法、核磁因子法和谱系数法等确定 T_2 截止值的方法。

1）黏土峰逐次逼近法

图 5-3-4 是长庆油田以核磁共振测井求取束缚水饱和度的可变 T_2 截止值技术框图。由图可知，首先应对核磁共振 T_2 谱的形态进行分类，针对不同类型 T_2 谱采用不同的正态分布函数对 T_2 谱进行拟合；其次以小孔隙分布域的拟合 T_2 谱逼近离心 T_2 谱，当无限逼

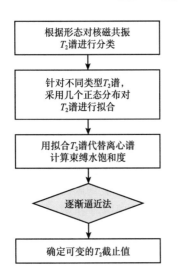

图 5-3-4　可变 T_2 截止值处理流程

近时，即可将拟合 T_2 谱的右侧最大值视为 T_2 截止值。

由于不同岩心所测量的离心 T_2 谱可能存在差异，导致该方法所确定的 T_2 截止值并不相同，故而称为可变 T_2 截止值法。研究这些 T_2 截止值法的分布规律及其相关联的敏感参数，即可针对不同类型 T_2 谱选用不同的 T_2 截止值。

图 5-3-5 为 T_2 谱正态分布拟合示意图，由图可知核磁共振 T_2 谱形态近似为正态分布。对于单峰型 T_2 谱，其 T_2 谱为一个正态分布；对于双峰型核磁共振 T_2 谱，其 T_2 谱为两个正态分布的叠加。因此，可用式（5-3-6）对 T_2 谱进行正态分布拟合，即

$$f(x) = \sum_{k=n}^{1} A_k \times e^{-\frac{(x-u_k)^2}{2q_k^2}} \quad (n = 1, 2, \cdots) \tag{5-3-6}$$

式中　A——函数的幅度；

　　　u——函数的期望值；

　　　q——函数的方差；

　　　k——正态分布个数。

图 5-3-5 中，当核磁 T_2 谱为双峰显示时，采用两种正态分布来进行拟合。小孔部分的正态分布代表束缚水状态下的核磁 T_2 谱，大孔部分的正态分布则表示可动流体的核磁 T_2 分布。小孔部分拟合的束缚水 T_2 分布与岩心离心状态下测量的核磁共振 T_2 谱对应较好，意味着基于核磁形态法的束缚水饱和度计算方法可行且可靠。

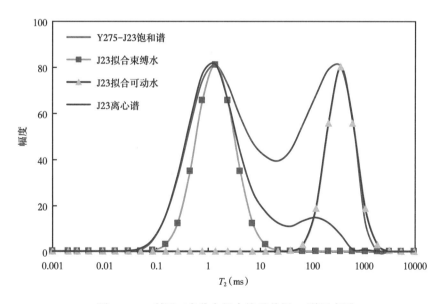

图 5-3-5　利用正态分布拟合核磁共振 T_2 谱示意图

图 5-3-6 为鄂尔多斯盆地 YA169 井基于上述方法所确定的 T_2 截止值而计算的束缚水饱和度及其与总含水饱和度对比。由图可知，在 2400~2404m 井段，总含水饱和度明显大于束缚水饱和度，可动水饱和度大于 10%，与产水 34.4m³/d 且仅见油花的试油结论相符，表明可变核磁 T_2 截止值计算的束缚水饱和度可信可用。

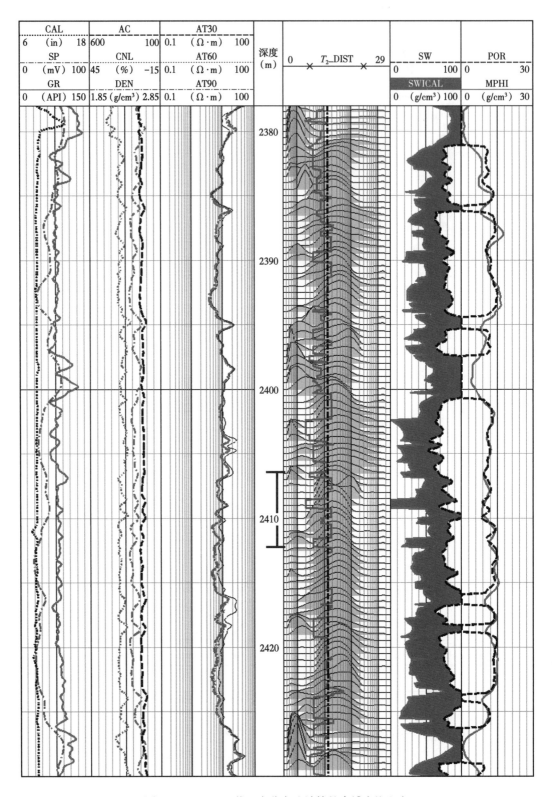

图 5-3-6　YA169 井正态分布法计算的束缚水饱和度

2）T_2 谱因子法

柴达木盆地 FX 地区采用核磁因子法进行可变 T_2 截止值研究。岩样核磁实验 T_2 截止值在 2.3~5.0ms 之间，平均 3.76ms。但实验室测量 T_2 谱与核磁共振测井 T_2 谱差异较大（图 5-3-7 中倒数第一道），因此，不能将实验室确定的 T_2 截止值用于基于核磁共振测井资料的束缚水饱和度计算。

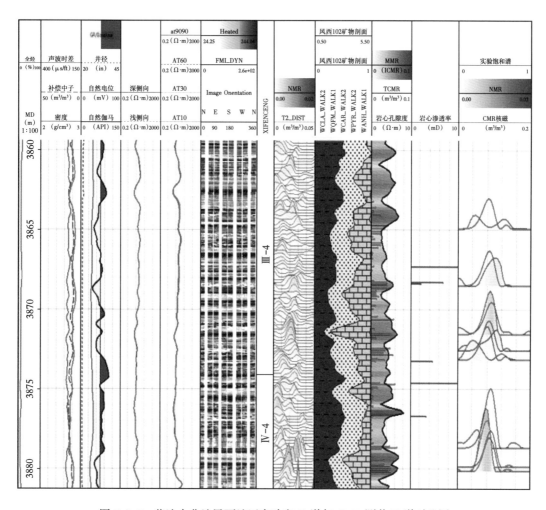

图 5-3-7　柴达木盆地风西地区实验室 T_2 谱与 CMR 测井 T_2 谱对比图

为此，将 T_2 谱从小孔隙到大孔隙分解为 10 个不同组分，确保每种组分之间有较明确的分界值，根据风西地区 10 口井核磁共振测井资料（CMR）的统计分析，确定这些分界值分别为 0.58ms、1.12ms、2.11ms、3.61ms、7.21ms、17.89ms、53.88ms、243.55ms、973.22ms（图 5-3-8），以核磁因子分析方法将这 10 个组分进行组合可定义其物理意义，即黏土束缚孔、毛细管束缚孔、小孔、中孔和大孔等 5 类，其对应的分界值分别为 3.61ms、7.21ms、17.89ms、53.88ms。对比岩心实验所计算的束缚水饱和度，确定束缚水饱和度的截止值为 17.89ms。图 5-3-9 指出，采用 17.89ms 计算的束缚水饱和度与岩心分析束缚水饱和度具有较好的一致性。

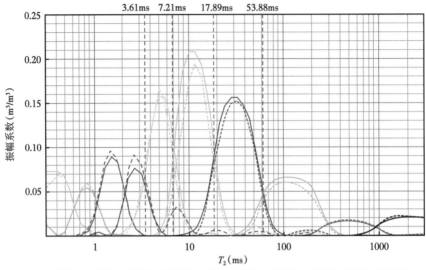

图 5-3-8　风西地区核磁因子复合 T_2 谱

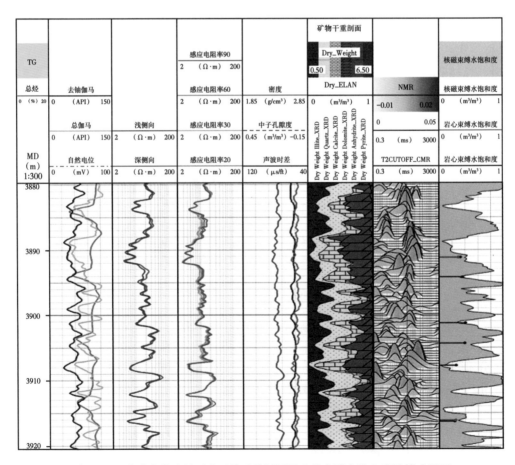

图 5-3-9　柴达木盆地风西地区核磁共振因子法的束缚水饱和度计算成果图

2. 物性指数经验公式法

在缺少核磁共振测井资料情况下，需根据其他测井资料计算束缚水饱和度。考虑到束缚水饱和度一般与孔隙结构密切相关，如孔隙结构较好，束缚水饱和度则较低，反之亦然。为此，建立以实验数据为基础的计算束缚水饱和度的物性指数法。

松辽盆地龙西地区的物性指数法经验公式为：

$$S_{wi} = -14.17\ln(RQI) + 31.183 \qquad (5-3-7)$$

根据式（5-3-7）可得龙西地区束缚水饱和度与 RQI 关系图（图 5-3-10）。

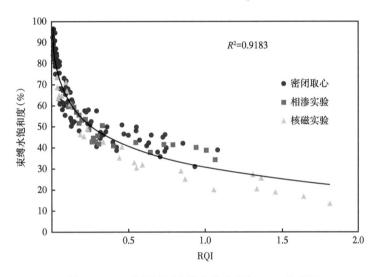

图 5-3-10　龙西地区束缚水饱和度与 RQI 关系图

采用式 5-3-7 计算 TX1708 井 43、44 号层的束缚水饱和度约为 30%，但其总含水饱和度约为 50%，故可动水饱和度约为 20%，解释为油水同层。这两层压后抽汲，日产油 4.737t，日产水 6.224m³，试油结论含水工业油层，与测井解释结论一致（图 5-3-11）。

3. 矿物含量方法

Timur 提出的渗透率与孔隙度、束缚水饱和度关系式为：

$$K = 0.136 \times \frac{\phi^{4.4}}{S_{wi}^2} \qquad (5-3-8)$$

从而，束缚水饱和度 S_{wi} 计算模型为：

$$S_{wi} = \sqrt{0.136 \times \frac{\phi^{4.4}}{K}} \qquad (5-3-9)$$

式（5-3-8）的关键是渗透率的准确确定。研究表明，矿物组成的变化常常伴随颗粒粒径、形状和颗粒接触关系等的改变，这些因素会影响岩石的孔隙结构，从而矿物组成的变化可影响岩石的渗透率。因此，在无核磁共振测井资料情况下，可据矿物组成计算渗透率，Herron 模型即为此方法之一。

$$K = \left(4.9 + 2F_{\max}\right)\frac{\phi^3}{\left(1-\phi\right)^2}\exp\left(\sum B_i M_i\right) \tag{5-3-10}$$

式中　M_i——第 i 种矿物的质量百分数，%；

　　　B_i——对应于第 i 种矿物的常数；

　　　$F_{\max}$——区域最大的长石含量，%。

其中，$F_{\max}$ 和 B_i 在不同区块有基本确定的值，可以根据区域岩心数据获得，具有通用性。

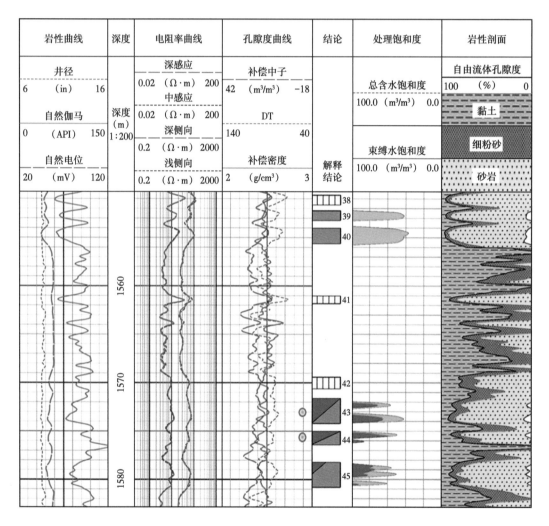

图 5-3-11　松辽盆地 TX1708 井物性指数法计算束缚水饱和度成果图

元素全谱测井是准确计算矿物含量并分析其组成的有效技术，因此，借助于元素全谱测井的岩性计算成果，综合应用 Timur 模型和 Herron 模型可计算束缚水饱和度，如图 5-3-12 所示。该图指出，矿物含量法计算的束缚水饱和度与岩心分析值具有较好的一致性。

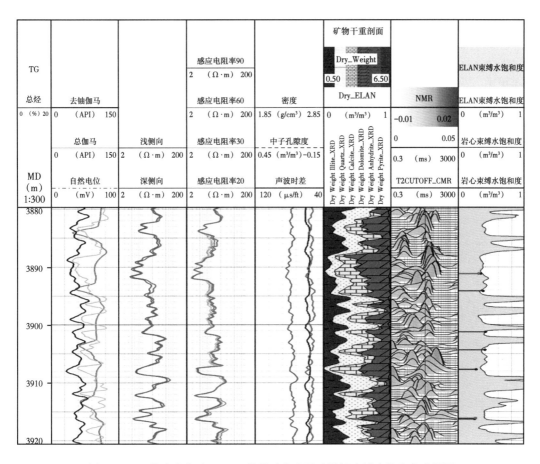

图 5-3-12　柴达木盆地 FX2-3 井的矿物含量法计算束缚水饱和度成果图

第四节　含水率计算

储层含水率取决于各相流体的相对渗透率和黏度，本节将基于油水相渗计算分别建立自然生产条件下和压裂改造条件下的含水率模型。

一、自然生产条件下的含水率计算

自然生产条件下的含水率是指日产水量与日产液量之比，常见计算方法主要有相对渗透率法、孔隙结构因子法、岩性分类建模法和含水饱和度拟合法等。

1. 相对渗透率法

储层含水率的计算模型为：

$$F_w = \frac{Q_w}{Q_w + Q_o} = \frac{1}{1 + \dfrac{K_{ro}}{K_{rw}} \dfrac{\mu_w}{\mu_o}}$$

（5-4-1）

式中　F_w——储层含水率；

　　　Q_w，Q_o——水、油的流量，cm^3/s。

在确定油相渗透率和水相渗透率基础上，可据式（5-4-1）计算含水率。

图 5-4-1 为渤海湾盆地蠡县斜坡以式（5-4-1）计算的油层、油水同层和水层的含水率成果图。由图可知，尽管这三个流体类型对应层段上，总含水饱和度、束缚水饱和度及水相渗透率差异不大，但油相渗透率差异大，导致含水率差别大，从而解释不同类型的流体，且与试油结果相符合。

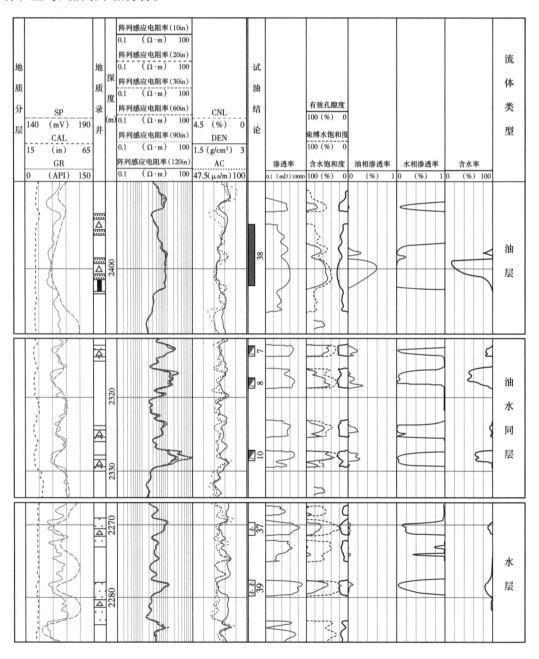

图 5-4-1　油层、油水同层和水层的含水率计算成果及其流体解释结论

2. 孔隙结构因子法

按照渗流力学原理，油相和水相的相对渗透率可以表示为：

$$K_{rw} = A \left[\frac{S_w - S_{wi}}{1 - S_{wi}} \right]^B \tag{5-4-2}$$

$$K_{ro} = A \left[1 - \frac{S_w - S_{wi}}{1 - S_{wi} - S_{or}} \right]^{(B*S_w+C)} \tag{5-4-3}$$

式中，A、B、C 为系数。

根据岩石物理实验分析（图 5-4-2 和图 5-4-3），可知：

$$S_{wi} = 37.476 - 8.421\ln\left(\sqrt{\frac{K}{\phi}}\right) \tag{5-4-4}$$

$$S_{ro} = 22.56 - 0.8632\ln\left(\sqrt{\frac{K}{\phi}}\right) \tag{5-4-5}$$

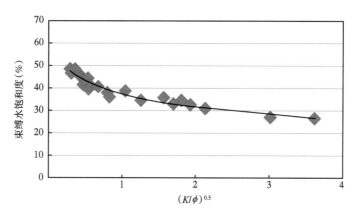

图 5-4-2　束缚水饱和度与物性指数的关系

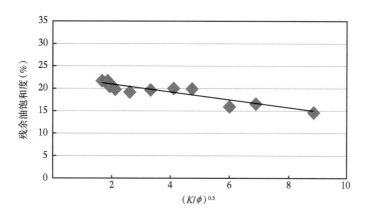

图 5-4-3　残余油饱和度与物性指数的关系

将式（5-4-4）和式（5-4-5）代入式（5-4-2）和式（5-4-3）中，并据岩石物理实验分析确定 A、B、C 等系数后，含水率计算模型为：

$$F_{\mathrm{w}}=\cfrac{1}{1+\cfrac{0.0015\times \mathrm{e}^{7.5365\times\frac{S_{\mathrm{w}}-\left[37.476-8.421\times\ln\left(\sqrt{\frac{K}{\phi}}\right)\right]}{1-S_{\mathrm{w}}-\left(22.56-0.86321\times\sqrt{\frac{K}{\phi}}\right)}}}{0.54\times\cfrac{S_{\mathrm{w}}-\left[37.476-8.421\times\ln\left(\sqrt{\frac{K}{\phi}}\right)\right]}{1-\left[37.476-8.421\times\ln\left(\sqrt{\frac{K}{\phi}}\right)\right]}-0.0608}\times\cfrac{u_{\mathrm{w}}}{u_{\mathrm{o}}}} \tag{5-4-6}$$

式（5-4-6）指出，如果水相和油相黏度基本变化的条件下，含水率可表示为总含水饱和度和物性指数的双因素非线性函数。

图 5-4-4 为塔里木盆地 × 井利用孔隙结构因子法计算含水率测井成果图，图中 4836.0~4840.5m 井段射孔日产油 20m³，日产水 18m³，孔隙结构因子法计算平均含水率约 40%，与试油结论相符。

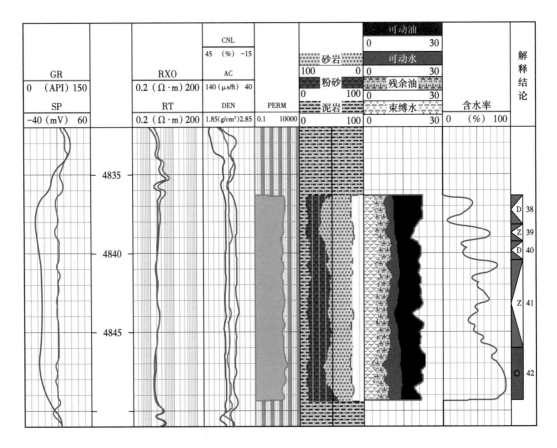

图 5-4-4 塔里木盆地 × 井利用孔隙结构因子法计算含水率成果图

3. 岩性分类建模法

对于岩性复杂的储层，采用单一的含水率预测模型计算含水率精度低，并不能满足生产需求。如图 5-4-5 所示，柴达木盆地风西地区的藻灰岩与灰云岩的相渗特征存在明显的差异。

藻灰岩随着孔隙结构变好（RQI 加大），束缚水饱和度减小，油水两相区间变宽，含水上升越快；相同孔隙结构条件下，相比于藻灰岩，灰云岩的油水两相区间窄，束缚水饱和度高，相同可动水饱和度时含水上升快，因此需要分岩性建立含水率计算模型。

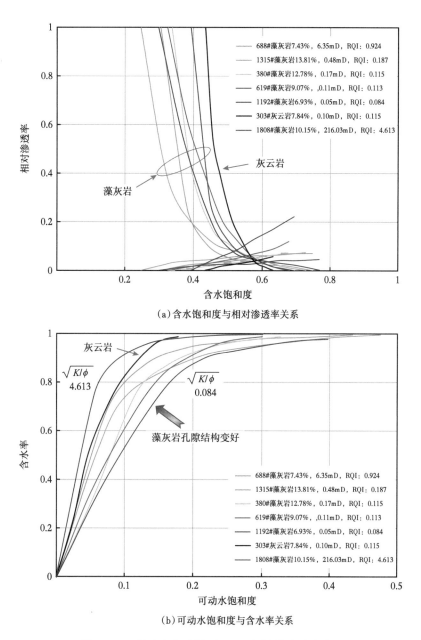

（a）含水饱和度与相对渗透率关系

（b）可动水饱和度与含水率关系

图 5-4-5 柴达木盆地风西地区不同岩性含水率特征

依据相渗实验数据，利用油相与水相相对渗透率之比与可动水饱和度关系（图5-4-6），得到藻灰岩含水率模型：

$$\frac{K_{ro}}{K_{rw}} = 116 \times e^{-17.65 \times (S_w - S_{wi})} \qquad (5\text{-}4\text{-}7)$$

对于风西地区N_1-$N_2{}^1$低饱和度油层，水和油的黏度基本固定，其黏度比μ_w/μ_o可取0.04，因此藻灰岩的含水率计算模型为：

$$F_w = \frac{1}{1 + 4.64 \times e^{-17.65 \times (S_w - S_{wi})}} \qquad (5\text{-}4\text{-}8)$$

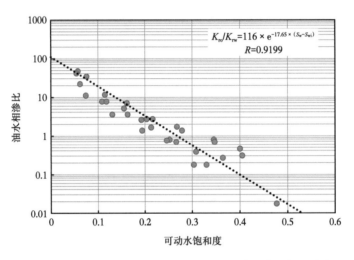

图5-4-6　柴达木盆地FX地区藻灰岩的油相与水相相对渗透率比与可动水饱和度关系图

同样地，可求取灰云岩含水率计算模型：

$$F_w = \frac{1}{1 + 6.03 \times e^{-35.99 \times (S_w - S_{wi})}} \qquad (5\text{-}4\text{-}9)$$

4. 含水饱和度拟合法

根据油水两相渗流的达西定律，油水两相相对渗透率与含水饱和度相关联，油水相渗决定了地层产水率的大小，据此可建立含水率与含水饱和度图版，从而可由含水饱和度计算含水率。

图5-4-7为油相相对渗透率和水相相对渗透率与含水饱和度的经典关系图，从中可以看出，根据油水两相相对渗透率曲线与含水饱和度的特征，自左向右可划分为A、B、C三个区域：

A区：含水饱和度等于束缚水饱和度，不含可动水，只有油相流动，不产地层水；

B区：含水饱和度大于束缚水饱和度且小于（1-残余油饱和度），存在油、水两相流动，随着含水饱和度增加，K_{ro}急剧减小，K_{rw}增大，产油量减少，产水量急剧上升；

C区：含水饱和度大于（1-残余油饱和度），只有地层水流动，不产油。

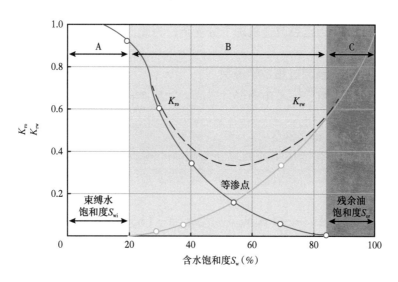

图 5-4-7　油水相对渗透率经典曲线图

由上可知，含水饱和度的变化可决定油水两相渗透率的变化特征，随着含水饱和度的增加，油相相对渗透率减小，水相相对渗透率增大，其相关关系可拟合为

$$\frac{K_{ro}}{K_{rw}} = ae^{-bS_w} \qquad (5\text{-}4\text{-}10)$$

式中　a，b——经验系数，可据实验拟合求知。

从而，由式（5-4-10）得

$$F_w = \frac{1}{1 + \left(\dfrac{\mu_w}{\mu_o}\right)ae^{-bS_w}} \qquad (5\text{-}4\text{-}11)$$

从式（5-4-11）可以看出，含水饱和度与含水率存在幂级数关系，随着油藏含水饱和度增大，含水率也升高，所以在油水过渡带不同位置的油井，其含水率也不同。

二、压裂改造条件下的含水率数值模拟计算

水力压裂是利用地面高压泵，通过井筒向储层挤注具有较高黏度的压裂液，当注入压裂液的速度超过储层吸收能力时，井底将憋压；当这种压力超过井底附近储层岩石的破裂压力时，储层将被压开并产生裂缝。此时，继续不停地向储层挤注压裂液，裂缝就会继续向储层内部扩张；为了保持压开的裂缝处于张开状态，继续向储层挤入带有支撑剂（通常为石英砂）的携砂液；携砂液进入裂缝之后，一方面可以使裂缝继续向前延伸，另一方面可以支撑已经张开的裂缝、使其不闭合；再接着注入顶替液，将井筒的携砂液全部顶替进入裂缝。最后，注入的高黏度压裂液会自动降解排出储层之外，并在储层中形成一系列的长、宽、高不等的裂缝，在油层与井筒之间建立人造高渗流体流动通道。

低饱和度油层储层品质一般较差，常采用压裂改造方式获取较高产液量与工业产油

量。压裂改造后的储层品质完全不同于原始储层品质，其产液特征与自然生产条件方式存在本质的差异，并考虑到压裂改造机理十分复杂，为此，以数值模拟方式确定压裂改造条件下的含水率。

1. 压裂改造含水率预测过程数学模型

压裂液注入过程的数学模型由两部分组成，分别为裂缝中的流体流动模型与油藏中流体流动模型。

1）油藏中流体流动数学模型

在油藏中流体流动包括压裂液的流动与原油的流动。对于压裂液的流动有连续性方程，

$$-\frac{\partial}{\partial x}\left(\rho_{fw}v_{fw}\right)+\rho_{fw}q_{fw}=\frac{\partial}{\partial t}\left(s_{fw}\rho_{fw}\phi\right) \qquad (5\text{-}4\text{-}12)$$

式中　x——油藏中流体流动距离，cm；

ρ_{fw}——压裂液的密度，g/cm³；

v_{fw}——压裂液流动速度，cm/s；

q_{fw}——单位时间储层中压裂液向裂缝窜流的单位体积量，1/s；

S_{fw}——压裂液的饱和度。

对于原油的流动有连续性方程，有

$$-\frac{\partial}{\partial x}\left(\rho_{o}v_{o}\right)+\rho_{o}q_{o}=\frac{\partial}{\partial t}\left(s_{o}\rho_{o}\phi_{m}\right) \qquad (5\text{-}4\text{-}13)$$

式中　ρ_{o}——原油密度，g/cm³；

v_{o}——原油流动速度，cm/s；

q_{o}——单位时间储层中原油向裂缝窜流的单位体积量，1/s；

s_{o}——压裂液中原油的饱和度。

考虑渗流机理，压裂液的运动方程可表示为

$$v_{w}=-\frac{KK_{rfw}}{\mu_{fw}}\left(\frac{\mathrm{d}p_{fw}}{\mathrm{d}x}-G\right) \qquad (5\text{-}4\text{-}14)$$

式中　K——储层的渗透率，mD；

K_{rfw}——储层中压裂液流动的相对渗透率，无量纲；

μ_{fw}——压裂液的黏度，mPa·s；

p_{fw}——储层压裂液相压力，10⁵Pa；

G——启动压力梯度，10⁵Pa/cm。

同样地，原油的运动方程有

$$v_{o}=-\frac{KK_{ro}}{\mu_{o}}\left(\frac{\mathrm{d}p_{o}}{\mathrm{d}x}-G\right) \qquad (5\text{-}4\text{-}15)$$

式中　K_{ro}——储层中原油流动的相对渗透率；

μ_o——原油的黏度，$mPa \cdot s$；

p_o——储层油相压力，$10^5 Pa$。

压裂液与原油的状态方程，有

$$\rho_{fw} = \rho_{fwi}\left[1 + c_{fw}\left(p - p_i\right)\right] \tag{5-4-16}$$

$$\rho_o = \rho_{oi}\left[1 + c_o\left(p - p_i\right)\right] \tag{5-4-17}$$

式中　ρ_{fwi}——原始压力条件下的压裂液密度，g/cm^3；

ρ_{oi}——原始压力条件下的原油密度，g/cm^3；

c_{fw}——压裂液的压缩系数，$\left(10^5 Pa\right)^{-1}$；

c_o——原油的压缩系数，$\left(10^5 Pa\right)^{-1}$；

p_i——原始储层压力，$10^5 Pa$；

p——储层压力，$10^5 Pa$。

且

$$\phi = \phi_i\left[1 + c_s\left(p - p_i\right)\right] \tag{5-4-18}$$

式中　ϕ_i——储层原始压力下的孔隙度；

c_s——储层孔隙的压缩系数，$\left(10^5 Pa\right)^{-1}$。

另外，归一下条件为

$$s_{fw} + s_o = 1 \tag{5-4-19}$$

2）裂缝中流动数学模型

在裂缝中的流动为单相（压裂液）的流动，依据物质守恒原理，可知流动控制方程为

$$\frac{\partial}{\partial y}\left(\rho_{fw}v_{fw}\right) + \rho_{fw}q_{fw} = \rho_{fwi}\phi_F\left(c_F + c_{fw}\right)\frac{\partial p_{fw}}{\partial t} \tag{5-4-20}$$

式中　y——压裂液沿裂缝方程的流动距离，cm；

ϕ_F——裂缝孔隙度；

c_F——裂缝压缩系数，$\left(10^5 Pa\right)^{-1}$；

p_{fw}——裂缝中的流体压力，$10^5 Pa$。

裂缝中压裂液的运动方程有

$$v_{fw} = \frac{K_F}{\mu_{fw}}\frac{dp_{fw}}{dy} \tag{5-4-21}$$

式中　K_F——裂缝渗透率，mD。

压裂液注入过程中的裂缝流动数学模型与储层渗流数学模型在共同边界处的压力与流量相等，最终耦合为压裂液注入过程的渗流数学模型。

2. 压裂含水率数值模拟过程

为了求解上述方程,对地层模型进行有限元或者有限差分网格化处理,以数值模拟技术分析地层压裂过程及产液特征,并计算压裂后地层含水率,其技术流程如图 5-4-8 所示。

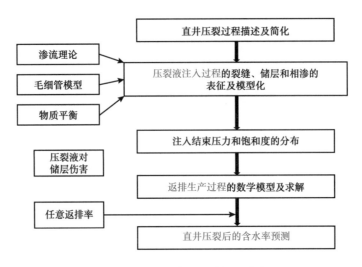

图 5-4-8　压裂含水率模拟计算的技术流程

在模拟计算过程中,需输入的已知参数及模拟输出参数见表 5-4-1。

表 5-4-1　输入输出参数

类别	类型	参数	单位
输入参数	压裂参数	压裂时间	min
		压裂液注入速度	m³/min
	地层参数	束缚水	%
		渗透率	mD
		含油饱和度	%
		原油黏度	mPa·s
		储层压力	MPa
	试油参数	井底流压	MPa
输出参数	产能	日产油	m³
		日产水	m³
	含水率	含水率	%

3. 压裂条件下的产水率计算结果分析

利用上述压裂改造条件下的压裂液和原油渗流理论及其数字模拟技术,可实现直井压裂后的含水率预测。如图 5-4-9 所示,82 号和 83 号小层有效孔隙度 10%,渗透率 0.1~0.5mD,为低孔低渗储层,需进行压裂改造,采用数值模拟技术计算的含水率 10%~18%,与压裂试油结果为油层、产水率 5% 相一致,表明这种模拟方法可较好地确定压裂改造后的含水率,尽管方法复杂但不失为一种有效技术。

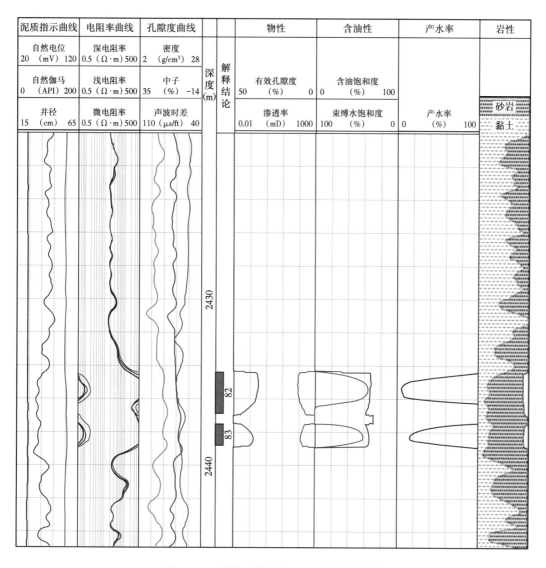

泥质指示曲线	电阻率曲线	孔隙度曲线	深度(m)	解释结论	物性		含油性		产水率		岩性
自然电位 20 (mV) 120	深电阻率 0.5 (Ω·m) 500	密度 2 (g/cm³) 28									
自然伽马 0 (API) 200	浅电阻率 0.5 (Ω·m) 500	中子 35 (%) -14			有效孔隙度 50 (%) 0		含油饱和度 0 (%) 100				
井径 15 (cm) 65	微电阻率 0.5 (Ω·m) 500	声波时差 110 (μs/ft) 40			渗透率 0.01 (mD) 1000		束缚水饱和度 100 (%) 0		产水率 0 (%) 100		砂岩 黏土

图 5-4-9 鄂尔多斯盆地 BA43 井评价结果

第五节 产能预测方法

本节介绍两种产能预测方法，一是以渗流理论为基础，建立自然产能预测模型；二是考虑压裂参数，建立"三步法"压裂产能预测模型。

一、自然产能预测方法

自然产能是指仅对测试段进行射孔作业而不进行压裂改造措施所确定的地层产能，因此可采用平面径向流动模型预测储层的产能。

1. 平面径向流预测模型

假设地层为水平圆盘状且均质等厚，其渗透率为 K，厚度为 h，圆形边界是液体供给边界，供给压力为 p_e，供给半径为 r_e。在圆盘的中心钻探一口井，井眼半径为 r_w，井底压力为 p_{wf}；假设流体在每一个与井轴垂直的平面内的运动情况相同，流体为牛顿液体。基于上述假设条件及平面径向流为满足考虑启动压力的达西定律二维流动渗流力学理论，并考虑储层污染、启动压力梯度等因素的影响，则油水两相的产能预测公式分别为：

$$q_o = \frac{p_e - p_{wf} - G_o\left(r_e - r_w\right)}{\dfrac{\mu_o B}{2\pi K K_{ro}}\left[\ln\left(\dfrac{r_e}{r_w}\right) + S\right]} \qquad (5\text{-}5\text{-}1)$$

$$q_w = \frac{p_e - p_{wf} - G_w\left(r_e - r_w\right)}{\dfrac{\mu_w B}{2\pi K K_{rw}}\left[\ln\left(\dfrac{r_e}{r_w}\right) + S\right]} \qquad (5\text{-}5\text{-}2)$$

式中　q_o——原油的产量，cm^3/s；

　　　q_w——地层水的产量，cm^3/s；

　　　p_e——流体流动过程中的供给压力（由于试油过程时间短，可视为地层的孔隙压力，可以测井资料计算），MPa；

　　　S——表皮因子或表皮系数；

　　　B——原油体积压缩系数；

　　　μ_o——原油的黏度，$mPa \cdot s$；

　　　μ_w——地层水的黏度，$mPa \cdot s$；

　　　G_o——原油启动压力，MPa；

　　　G_w——地层水启动压力，MPa。

其中，启动压力的计算可采用如下经验公式：

$$G = 0.056\eta^{-0.893} \qquad (5\text{-}5\text{-}3)$$

式中　η——流体的流度（储层渗透率与流体黏度之比值），mD/cP。

2. 主要参数的影响分析及其确定方法

为便于应用式（5-5-1）和（5-5-2）中，需分析其中主要参数对产能的影响，并建立这些参数的测井计算方法。

1）供给半径

供给半径是与表征储层孔隙结构的综合物性指数 $\sqrt{\dfrac{K}{\phi}}$、开井时间及储层内流体性质有关的参数。考虑到试油过程所需用时间短（一般为几小时至几天），可令供给半径为试油过程的测试半径，从而其值可采用以下经验公式计算：

$$r_e = 15.823\sqrt{K / \phi} + 47.863 \qquad (5\text{-}5\text{-}4)$$

2）储层渗透率

测井计算储层渗透率的方法很多，如基于储层分类的渗透率与孔隙度经验公式法、核磁共振测井法及矿物含量法等。

为研究不同储层渗透率对低渗透油藏产能的影响，令渗透率为 0.5mD、1mD、2mD、5mD、10mD 时，采用式（5-1-1）和式（5-1-2）分析产量随时间的变化规律。如图 5-5-1 所示，随着储层渗透率的增大，产能越高，产能随着开采时间的增加而下降，且下降幅度随着渗透率增大而扩大。

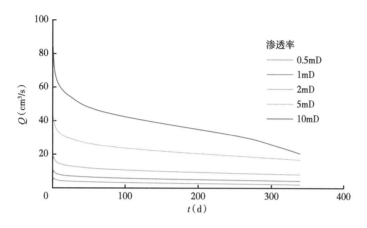

图 5-5-1 储层渗透率对产能随时间变化的影响

3）表皮系数

表皮系数是一个既包括钻井、完井对近井地带储集层的污染影响，又包括油井的不完善、增产措施、油藏几何形态和各向异性等影响的综合响应，可据测井计算的孔隙度、渗透率并结合生产压差等参数，建立表皮系数的计算经验公式：

$$S = -35.727\ln\left(\phi_{\mathrm{e}}\right) + 110.2 \qquad (5-5-5)$$

为研究表皮系数对低渗透油藏产能的影响，取表皮系数分别为 -1、-0.5、0、0.5、1 时，分析产量随时间的变化规律。如图 5-5-2 所示，随着表皮系数的增大，产能越低，产能随着开采时间的增加而下降；表皮系数为负时，对储层有增产作用。

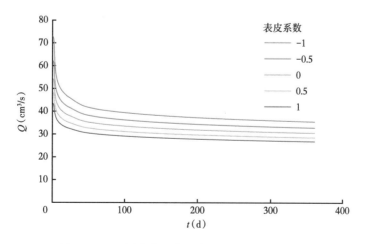

图 5-5-2 不同表皮系数对产能随时间变化的影响

4）原油黏度

为研究不同原油黏度对低渗透油藏产能的影响，取原油黏度分别为1mPa·s、3mPa·s、5mPa·s、10mPa·s时，分析其对产量随着时间的变化规律。如图5-5-3所示，随着原油黏度的增大，产能越低，产能随着开采时间的增加而下降。

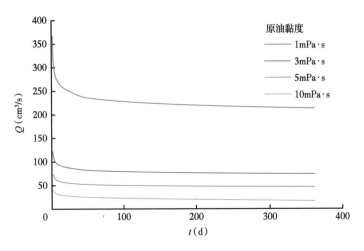

图 5-5-3　不同原油黏度产能随时间变化曲线

5）生产压差

为研究不同生产压差对低渗透油藏产能的影响，取生产压差分别为3MPa、5MPa、7MPa、10MPa、15MPa时，分析产量随时间的变化规律。如图5-5-4所示。随着生产压差的增大，产能越高，产能随着开采时间的增加而下降。

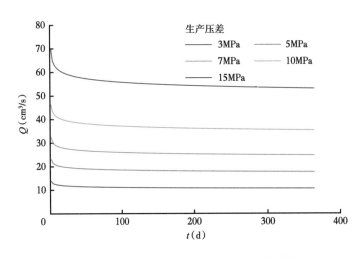

图 5-5-4　不同生产压差产能随时间变化曲线

二、压裂产能预测方法

储层经过压裂改造，上述满足达西定律的平面径向渗流模型不再成立，油、水产量和含水率都发生较大变化，且这些变化不仅与储层性质有关，还与压裂改造方式、特别是压

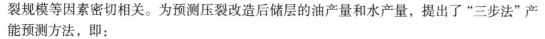

裂规模等因素密切相关。为预测压裂改造后储层的油产量和水产量，提出了"三步法"产能预测方法，即：

第一步，识别流体类型；

第二步，结合压裂后的油产量和水产量及其压裂液量，采用回归分析方法优选产量敏感的测井参数，并对产量大小进行级别分类，建立压裂产油和产水级别的测井分类图版；

第三步，针对不同产能级别的储层，计算其两相流体的压裂产量。

1. 压裂产油级别分类图版

根据各参数对产能的影响程度，优选出孔隙度、渗透率、电阻率、储层厚度、压入总液量等5个关键评价参数。应用这5个关键参数建立用于定性评价储层压裂产油级别的储层产能级别分类综合评价参数，并确定压裂产油级别划分图版（图5-5-5）。图中的横坐标X_o反映储层品质，其定义为：

$$X_o = He^{0.17464\phi_e} e^{0.06726LLD} \tag{5-5-6}$$

Y_o反映储层的渗透性与压入的压裂液量，即：

$$Y_o = e^{0.01008LIQ} K^{0.38667} \tag{5-5-7}$$

式中　ϕ_e——有效孔隙度，%；

　　　LLD——深侧向电阻率，$\Omega \cdot m$；

　　　H——储层厚度，m；

　　　K——储层空气渗透率，mD；

　　　LIQ——压入的总压裂液量，m^3。

基于52个试油压裂层建立龙西、杏西地区萨、葡油层同层和油层压裂产油量分类图版（图5-5-5）。其中，大于$10m^3$产能7层，误判2层；$3\sim10\ m^3$产能14层，误判2层；$1\sim3m^3$产能13层，误判3层；小于$1m^3$产能18层，误判4层；图版精度78.8%。

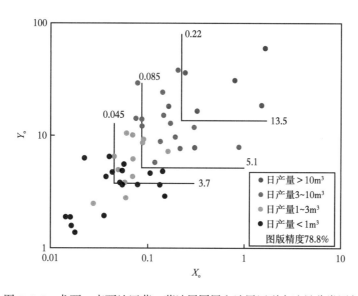

图5-5-5　龙西、杏西地区萨、葡油层同层和油层压裂产油量分类图版

2. 压裂产水级别划分图版

根据各参数对产能的影响程度，从中优选出孔隙度、渗透率、储层厚度、压入总液量、自然产能含水率等 5 个参数，建立压裂后产水级别划分图版，如图 5-5-6 所示。该图的横坐标 X_w 反映储层的储集性能，即：

$$X_w = He^{0.13507\phi_e} \qquad (5-5-8)$$

Y_o 反映储层的渗透性、压入的压裂液量以及含水率，即：

$$Y_w = e^{0.0086LIQ}K^{0.24049}F_w \qquad (5-5-9)$$

式中 F_w——储层的含水率，%。

基于 77 个试油压裂层建立龙西、杏西地区萨、葡油层同层和水层压裂产水量分类图版（图 5-5-6）。其中，大于 $10m^3$ 产能 13 层，误判 5 层；$3\sim10m^3$ 产能 24 层，误判 3 层；$1\sim3m^3$ 产能 22 层，误判 6 层；小于 $1m^3$ 产能 18 层，误判 4 层；图版精度 76.6%。

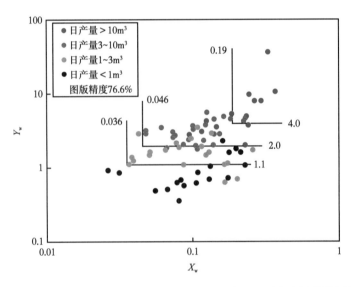

图 5-5-6　龙西、杏西地区萨、葡油层同层和水层压裂产水量分类图版

基于图 5-5-5 和图 5-5-6，可建立试油压裂后产油级别和产水级别的划分标准，如表 5-5-1。

表 5-5-1　试油压裂的产油与产水级别划分标准

产量级别 （m^3）	压裂产油		压裂产水	
	X_o	Y_o	X_w	Y_w
> 10	> 0.22	> 13.5	> 0.19	> 4.0
3~10	0.085~0.22	5.1~13.5	0.046~0.19	2.0~4.0
1~3	0.045~0.085	3.7~5.1	0.036~0.046	1.1~2.0
< 1	< 0.045	< 3.7	< 0.036	< 0.2

3. 定量确定压裂油水产量

根据表 5-5-1 的产量分类，基于数据统计分析，建立了产油量预测模型，即：

$$Q_o = H\left(a_o + b_o \ln K + c_o \phi_e + d_o R_{LLD} + e_o LIQ\right) \qquad (5\text{-}5\text{-}10)$$

式中　Q_o——日产油量，t/d；

　　　a_o——产油量预测模型的常数；

　　　b_o，c_o，d_o，e_o——产油量预测模型的系数。

对于不同级别的产油量，式（5-5-7）中的常数和系数见表 5-5-2。

表 5-5-2　试油压裂的产油量预测模型的常数与系数

产量级别（m³）	a_o	b_o	c_o	d_o	e_o
>10	42.2	6.602	3.476	0.01043	0.001501
3~10	−45.22	5.256	3.330	0.07186	0.000581
1~3	2.474	0.4627	0.08087	0.05682	0.01108
<1	2.347	0.009614	0.06499	0.00688	0.00974

同样地，根据表 5-5-1 的产量分类，基于数据统计分析，可建立产水量预测模型，即：

$$Q_w = H\left(a_w + b_w \ln K + c_w \phi_e + d_w LIQ + e_o F_w\right) \qquad (5\text{-}5\text{-}11)$$

式中　Q_w——日产水量，t/d；

　　　a_w——产水量预测模型的常数；

　　　b_w，c_w，d_w，e_w——产水量预测模型的系数。

对于不同级别的产水量，式（5-5-8）中的常数和系数见表 5-5-3。

表 5-5-3　试油压裂的产水量预测模型的常数与系数

产量级别（m³）	a_o	b_o	c_o	d_o	e_o
>10	−10.28	0.7196	0.7737	0.02382	0.09602
3~10	0.9604	0.0995	0.4048	0.03284	0.01817
1~3	4.707	0.8980	0.3112	0.00174	0.01946
<1	1.686	0.2098	0.1406	0.00224	0.02805

图 5-5-7 为压裂改造产能预测应用实例。图 5-5-7（a）中的 36 号层，计算含水率 40%，预测日产油 9.61t，日产水 6.37m³，压后抽汲，日产油 7.20t，日产水 6.84m³。图 5-5-7（b）中的 18 号层，计算含水率 70%，预测日产油 0.37t，日产水 2.36m³，压后抽汲，日产油 0.64t，日产水 2.51m³。总体而言，测井预测的产能与试油压裂的产量具有较好的一致性。

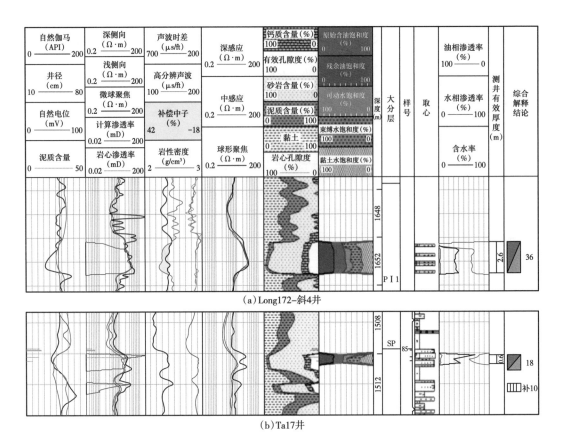

图 5-5-7　压裂改造的产能预测实例图

第六章 流体识别方法与油水同层细分标准

低饱和度油层成因类型多样，"四性"关系复杂，测井识别难度大。为此，本章首先介绍了三种基于常规测井资料以及核磁共振测井、介电扫描测井和元素全谱测井等新技术的低饱和度油层识别方法，识别出油层、油水同层和水层；其后，论述了油水同层细分方法和标准，将其划分为能够产工业油流（Ⅰ类）和不能获工业油流（Ⅱ类）的油水同层。

第一节 低饱和度油层识别方法

本节着重论述低饱和度油层识别的针对性方法，并逐一分析这些方法的适用性。

一、低饱和度油层识别的技术挑战

下面以松辽盆地龙西地区和杏西地区低饱和度油层的特征尤其是非均质性强的特点，分析识别低饱和度油层的技术挑战。

1. 电性响应复杂

考虑到不同区块的低饱和度油层的成因复杂、类型多样，而不同成因机理导致低饱和度油层的"四性"关系复杂，且不同区块不同层系的差异明显，测井解释多解性大，评价难点大。如图 6-1-1 所示，松辽盆地长垣外围的油层、油水同层与水层电性特征相近；结合图 3-2-10（b）可则进一步表明，电性—物性（声波时差）识别图版上难以划分出油层、油水同层与水层。

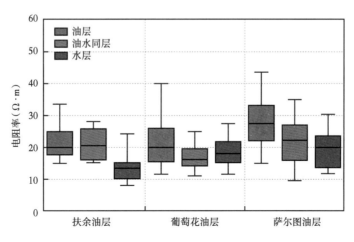

图 6-1-1 松辽盆地长垣外围低饱和度油层的电性特征

2. 孔隙结构复杂

龙西地区和杏西地区低饱和度的萨尔图油层和葡萄花油层主要由储层孔隙结构复杂所致，束缚水饱和度大，导致油层和水层电阻率差别小，识别难度大。

图 6-1-2 显示，LO31 井 84 号层与 TA13 井 15 号层电阻率值基本相等，但前者为油层，后者为水层，流体性质完全不同。图 6-1-3 表明，LO31 井 84 号储层相比于 TA13 井 15 号储层的排驱压力高得多，表明其孔隙结构差且束缚水含量高，降低了油层应有的电阻率响应，导致两者电阻率相近。

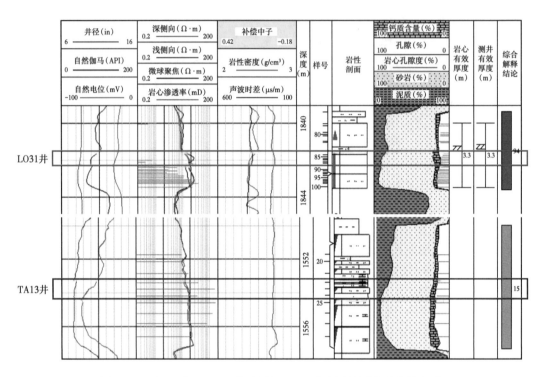

图 6-1-2　松辽盆地 LO31 井油层与 TA13 井水层的测井响应特征对比

3. 储层单层厚度小

由于测井仪器纵向分辨率的影响，厚度较小的薄层测井响应特征受围岩影响较大，导致其电阻率降低（如围岩为相对高阻，则降低储层电阻率），厚度越小，降低幅度越大。因此，厚度的影响势必导致较薄油层和较厚水层的电阻率识别难度大。如图 6-1-4 所示，TA121 井 5 号层的厚度 1.2m，孔隙度为 25.4%，空气渗透率为 422.3mD，深侧向电阻率 15.6Ω·m，自然电位负异常为 13.5mV；而 LO27 井 24 号层的厚度 3.6m，孔隙度为 16.7%，空气渗透率为 77.6mD，深侧向电阻率 19.5Ω·m，自然电位负异常为 21.9mV。两层电性特征相当，但含油性不同。

4. 层间储层非均质性

龙西地区萨尔图和葡萄花两套油层的原油与地层水性质以及有效孔隙度等差别不大，但渗透率、泥质含量和钙质含量相差较大（表 6-1-1），而储层中的钙质矿物以胶结物形式存在，直接影响储层的孔隙结构和电阻率，钙质含量越高，孔隙结构越差，电阻率越高［图 6-1-5（a）］，显然，萨尔图油层的钙质影响较大；同时，两套油层的泥质含量差异性，也决定其孔隙结构的差异性并影响电阻率特征［图 6-1-5（b）］。因此，考虑到层间的非均质性及其电性特征，应分层系建立油水层识别图版。

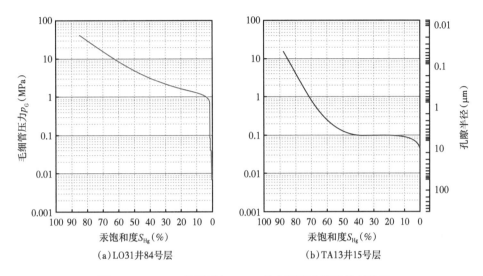

(a) LO31井84号层　　　　　　　(b) TA13井15号层

图 6-1-3　LO31 井油层与 TA13 井水层的孔隙结构对比图

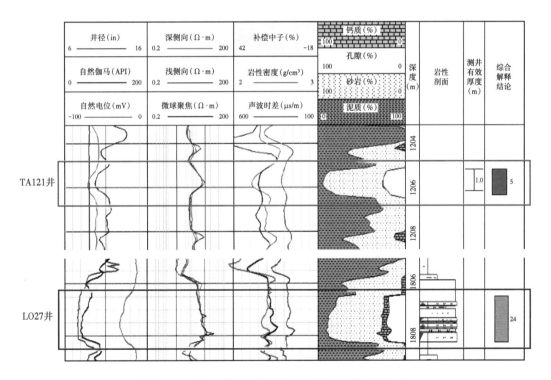

图 6-1-4　松辽盆地不同厚度的油层与水层电阻率对比

表 6-1-1　龙西、杏西地区葡萄花和萨尔图油层储层特征汇总表

储层参数	龙西地区		杏西地区
	萨尔图油层	葡萄花油层	葡萄花油层
原油密度（g/cm³）	0.8621	0.8392	0.8466
地层水矿化度（mg/L）	6989.2	8503	5557
有效孔隙度（%）	17.2	16.2	15.5
空气渗透率（mD）	60.4	18.6	33.6
钙质含量（%）	26.1	14.4	15.6
泥质含量（%）	12.5	16.5	11.8

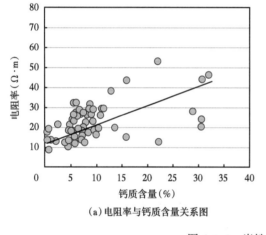

（a）电阻率与钙质含量关系图

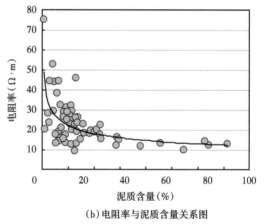

（b）电阻率与泥质含量关系图

图 6-1-5　岩性对电阻率的影响

5. 区间储层非均质性

龙西地区与杏西地区的葡萄花油层原油性质、有效孔隙度和钙质含量等参数差别不大，但渗透率、泥质含量、地层水矿化度存在一定的差异（表 6-1-1），较高的泥质含量将使储层孔隙结构变差，降低渗透率，提高地层电阻率，而地层水矿化度直接影响地层电阻率，因此，应分区建立油水层识别图版。

二、常规测井流体识别方法

交会图版技术是一种最常用的测井流体识别方法。如前所述，低饱和度油层的油水层识别困难，常规图版难以分辨出油层、油水同层、水层（图 6-1-6）。为此，针对低饱和度油层的特征，下面着重介绍三种基于常规测井资料的低饱和度油层识别图版。

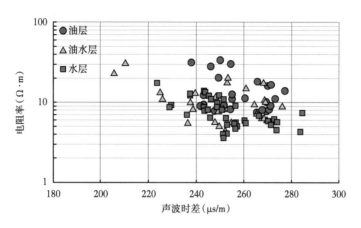

图 6-1-6　鄂尔多斯盆地延长组长 8 低饱和度油层的电阻率—声波时差交会图

1. 相控流体识别方法

图 6-1-7 为渤海湾盆地南堡凹陷东营组试油层的深感应电阻率—声波时差交会图，从中可以看出，此图可以较好识别出大多数的油层和水层，但油层与水层的界面线并不清晰，即难以识别油水同层且界面线的油层和水层相互叠置。为此，在大量岩石物理实验的基础上，建立了基于岩石物理相分类的相控流体识别方法。

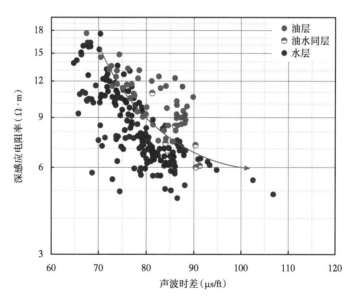

图 6-1-7　渤海湾盆地南堡凹陷东营组试油层的电阻率—声波时差交会图

根据岩石物理相分类的岩电实验分析结果表明，不同岩石物理相下，岩电参数 m、n 响应范围不同，表明以电阻率指示含油性（计算含油饱和度）时需考虑岩电参数即孔隙结构的影响，即可针对不同岩石物理相分类建立流体识别图版，提高电阻率识别流体的准确性。

根据岩石物理相分类方法，将储层分为 PF1（水下分流河道以及河口坝微相）、PF2（溶蚀相以及黏土矿物充填相）、PF3（压实致密相以及碳酸盐胶结相）和PF4（水下分流间湾）等四类岩石物理相。与分类前的图版（6-1-7）相比，分类后的图版可更好地识别油层和水层，尤其是可以识别出油水同层［图6-1-8（a）和［图6-1-8（b）］。总体上，分类后流体识别准确率为87%，较分类前提升13%。

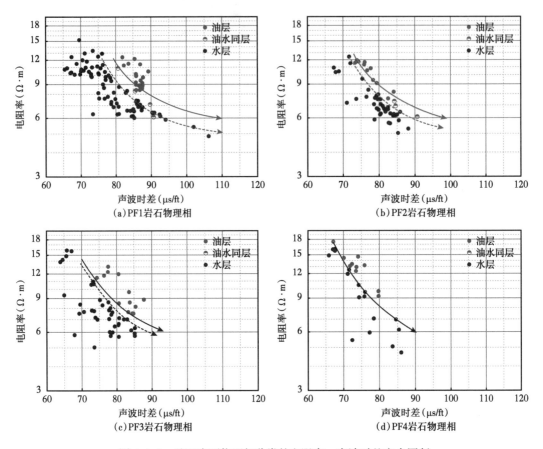

图6-1-8　基于岩石物理相分类的电阻率—声波时差交会图版

2. 双地层水电阻率法

自然电位幅度异常是反映地层水矿化度变化最直观最有效的测井资料，大量的生产实践表明，以其计算的地层水电阻率与实际地层水电阻率基本相等。

当储层孔隙中的地层水与井内钻井液相接触，可等效视为不同浓度的两种溶液的直接接触，并产生扩散电动势和扩散吸附电动势等，可表达为

$$SSP = K \lg \frac{R_{mfe}}{R_{we}} \qquad (6\text{-}1\text{-}1)$$

式中　SSP——地层静自然电位，为自然电位测井的幅度异常，mV；

　　　K——自然电位系数，与温度成正比，为扩散电动势系数和扩散电动势系数之和；

　　　R_{mfe}——钻井液等效电阻率，即地层条件下的钻井液电阻率，$\Omega \cdot m$；

R_{we}——地层水等效电阻率，即地层条件下的地层水电阻率，$\Omega\cdot m$。

将地面温度下测量的钻井液电阻率换算成地层条件下的值后，即可基于自然电位幅度异常并以式（6-1-1）确定地层条件下的地层水电阻率（定义为R_{w_sp}）。一般地，R_{w_sp}与储层含油性关联性不大，可等同于真实的地层水电阻率（R_w）。

另一方面，将含水饱和度设为100%时，且令$a=b=1$以及$m=n=2$，采用阿尔奇公式也可由深电阻率测井值计算出地层水电阻率即视地层水电阻率，其计算公式为

$$R_{wa} = \phi^2 R_t \tag{6-1-2}$$

式中　R_{wa}——以电阻率测井值计算的视地层水电阻率，$\Omega\cdot m$；

　　　R_t——深探测的感应或侧向电阻率测井值，$\Omega\cdot m$；

　　　ϕ——储层总孔隙度。

显然，当储层100%含水时，$R_{wa}=R_w$；当储层含油时，R_{wa}包含着流体饱和度的信息，此时，$R_{wa} > R_w$。因此，将R_{w_sp}作为背景值以消除地层水矿化度的变化，并对比R_{wa}大小判断储层的含油性，建立R_{w_sp}与R_{wa}的交会图并结合试油资料确定油层、油水同层和水层的识别标准，即为双地层水电阻率法的基本原理。

图6-1-9为鄂尔多斯盆地长3以上低饱和度油层的声波时差—电阻率交会图，该图表明，油层、油水同层和水层资料点交会重叠混杂，此类交会图无法识别油层、油水同层、水层（含油水层），而如图6-1-10所示的双地层水电阻率交会图则可清晰地分辨出油层和水层，并可较好识别出油水同层，识别效果显著提高。

由图6-1-11进一步可知，采用常规的声波时差—电阻率交会图版将该井6号层解释为水层（图中第六道）；二次精细解释时采用双地层水电阻率方法，其计算的$R_{wa} > R_{w\_sp}$，指示储层含油性较好，二次解释将该层解释为油水同层（图中第七道），并据此确定为试油层段，试油后日产油4.68t、水7.8m³，二次解释结果与试油结果一致。双地层水电阻率法找回了常规解释所漏失的产工业油流的油水同层，意义十分重大。

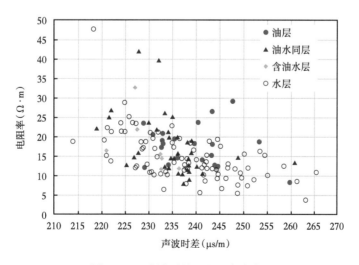

图6-1-9　声波时差—电阻率交会图

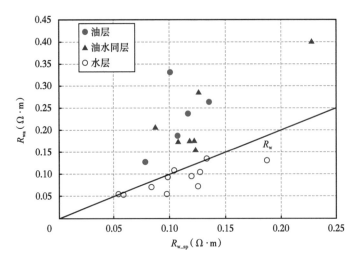

图 6-1-10　R_{w_sp}—R_{wa} 交会图

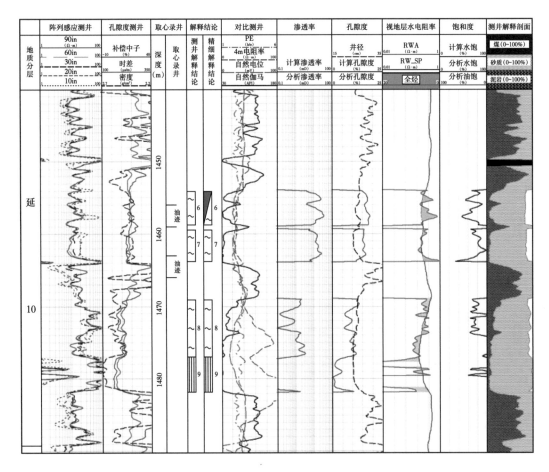

图 6-1-11　鄂尔多斯盆地 LI233 井延 10 段低饱和度油层的二次测井解释成果图

3. 1C4I 敏感指数法

针对松辽盆地西斜坡龙西和杏西地区低饱和度油层的主要成因及其识别瓶颈问题，明确油水层识别的关键敏感参数，突出流体敏感参数的响应，建立不同敏感参数的交会图版，并确定识别标准，即综合四指数的"1C4I 敏感参数法"。

综合指数为：

$$C = R_{\text{LLD}}\phi^2 \qquad (6\text{-}1\text{-}3)$$

四个特征指数为

反映含油特性指数：

$$I_{\text{o}} = R_{\text{LLD}} / \Delta\text{SP} \qquad (6\text{-}1\text{-}4)$$

反映含水特性指数：

$$I_{\text{w}} = \frac{\phi}{1-\phi}\Delta\text{SP} \qquad (6\text{-}1\text{-}5)$$

反映孔隙特性指数：

$$I_{\text{p}} = \frac{\phi}{1-\phi}\Delta t \qquad (6\text{-}1\text{-}6)$$

反映油水比的指数：

$$I_{\text{ow}} = \frac{\phi}{1-\phi}\frac{R_{\text{LLD}}}{R_{\text{ILD}}} \qquad (6\text{-}1\text{-}7)$$

式中　ΔSP——自然电位测井的幅度异常，mV；

$\quad$ R_{LLD}——深侧向电阻率，$\Omega\cdot$m；

$\quad$ R_{ILD}——深感应电阻率，$\Omega\cdot$m。

基于试油结果的对比分析并结合实践井的测井资料情况，针对龙西地区和杏西地区萨尔图油层优选综合指数 C 揭示储层流体特征及含油性，优选含水特征指数 I_{w} 反映储层的含水特征，并以此两个敏感参数为基础建立分储层类型的流体识别图版。龙西地区和杏西地区萨尔图油层的识别图分别如图 6-1-12 和图 6-1-13 所示，图版精度均在 93% 以上，识别效果好。

三、核磁共振测井流体识别方法

核磁共振测井测量地层中氢原子核的质子极化过程中产生的回波信号，由此可确定与岩石矿物骨架几乎无关的孔隙度、孔径分布、黏土束缚水、毛细管束缚流体、可动流体和渗透性等信息，现已相继发展形成了一维核磁共振测井的偏心型（CMR）和居中型（P 型和 MRT 等）两种技术以及偏心型二维核磁共振测井技术。核磁共振测井应用时，要做好测前设计（采集模式与测量参数等）以及资料目标化处理。核磁共振测井是低饱和度油层准确识别与精细评价十分重要的资料，下面论述以其资料为基础的流体识别方法。

1. 一维核磁共振测井移谱法

基于原油较地层水的扩散系数小得多的性质，可以在两种不同回波间隔的 T_2 谱特征差异识别油层和水层，此即为核磁共振移谱法。该方法应用于鄂尔多斯盆地长 3 以上及侏罗系的低饱和度油层效果好。

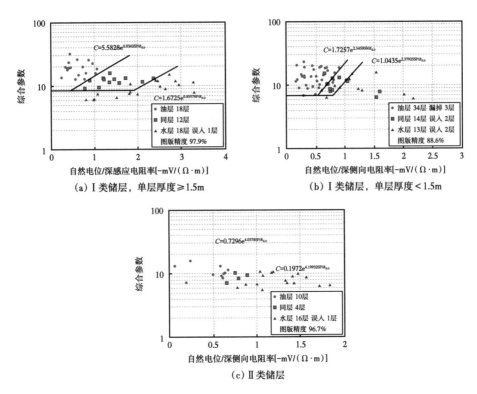

图 6-1-12　龙西地区萨尔图油层油水层识别图版

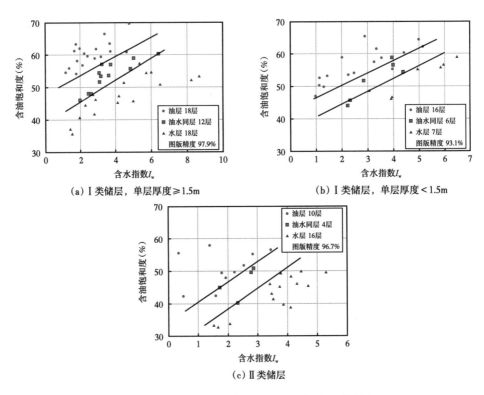

图 6-1-13　杏西地区萨尔图油层油水层识别图版

图 6-1-14 为采用 MRT 核磁共振测井移谱法识别流体的实例（D9TWE3 双 T_E 观测模式，可同时测量双等待时间、双回波间隔的回波数据）。从中可以看出，核磁共振移谱在 12 号层顶部（厚度 1.5m 左右）T_2 谱左移较少，谱峰较缓，谱幅度变化不大；而 12 号层其余深度段上，T_2 谱左移较多，谱幅度增大，且深度越大，左移越明显。考虑到 12 号层物性均质性好，上下段对比分析，解释该层顶部 1.5m 为油层，其余段为水层，尽管与岩心分析的含油饱和度分布特征相左。顶部试油获得 4.76t/d 工业油流，与核磁共振移谱解释一致。

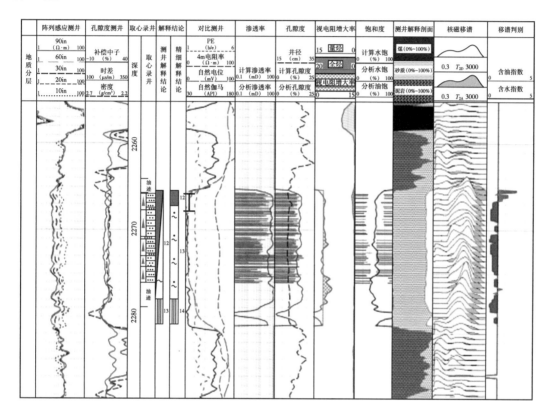

图 6-1-14　鄂尔多斯盆地 YA183 井延 9 段核磁共振移谱法的流体识别成果图

核磁共振移谱法的识别效果与原油黏度相关。当原油黏度较大时，油的体积弛豫效应将致长 T_E 谱可动峰向左移动（图 6-1-15），与水层移谱特征相似，容易造成误判，漏失油层。对于低孔低渗储层，岩心核磁共振实验和数值模拟分析均表明，饱和水岩心 T_2 谱分布一般小于 100ms，而饱和油（油的黏度＜ 20cP）岩心的长核磁共振 T_2 谱存在大于 100ms 分量。

因此，根据长 T_E 谱移动位置，建立了适用于盆地西缘中低黏度油层（黏度小于 20cP）的核磁共振移谱定量判别法，并以含油指数量化表征：

$$含油指数 = \frac{\int_{100}^{\infty} T_2 dT_2}{\int_{0.3}^{\infty} T_2 dT_2} \qquad (6-1-8)$$

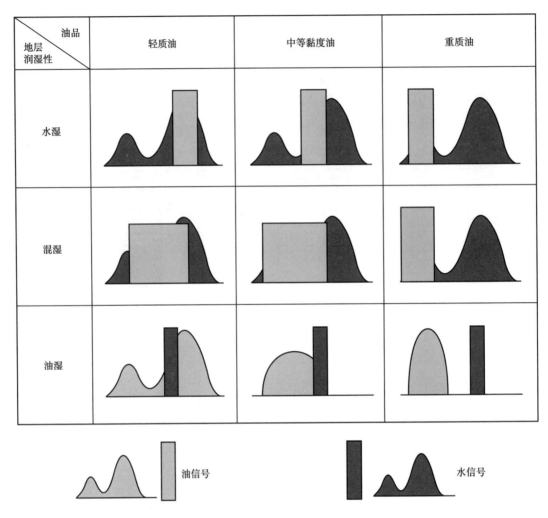

图 6-1-15　油水两相核磁共振测井 T_2 谱特征

　　图 6-1-16 倒数第二道的红直线对应的 T_2 值为 100ms。图 6-1-16（a）的 T_2 谱大于 100ms 部分明显，计算含油指数高，42 号层单试日产油超过 13t，43 号层与 44 号层合试日产油超过 26t，解释结论与试油结果相符；图 6-1-16（b）的 T_2 谱大于 100ms 部分少，计算含油指数低，解释为含油水层，尽管取心有油斑显示，试油日产水 31m³、无油，测井解释结论与试油结果一致。

　　统计 2020—2021 年鄂尔多斯盆地环西—彭阳地区核磁共振移谱测井 9 口井 18 层试油结果（表 6-1-2），其中符合 15 层、不符 3 层，解释符合率为 83.33%。

　　2. 二维核磁共振测井流体识别方法

　　CMR-NG 是新一代的核磁共振测井仪器，其回波间隔为 0.2ms，测量 2MHz 高共振频率下 6 组不同等待时间的核磁共振脉冲序列，测量的回波串组经过数据反演处理，解析得到地层各深度点的 T_1 谱、T_2 谱和 T_1-T_2 二维图（图 6-1-17），评价储层孔隙结构与物性（总孔隙度、有效孔隙度、可动孔隙度和渗透率等），基于 T_1-T_2 交会图识别不同类型流体（可动油、束缚油、可动水、毛细管束缚水和黏土束缚水等），并计算其饱和度。

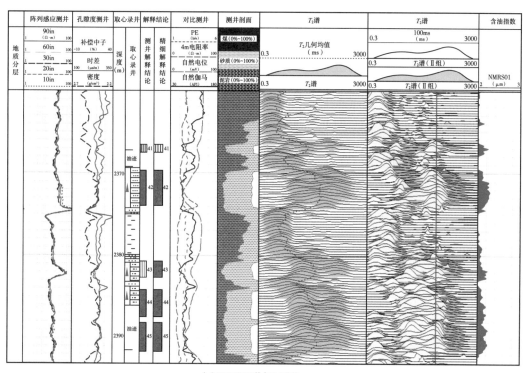

（a）MENG77井长8₁亚段

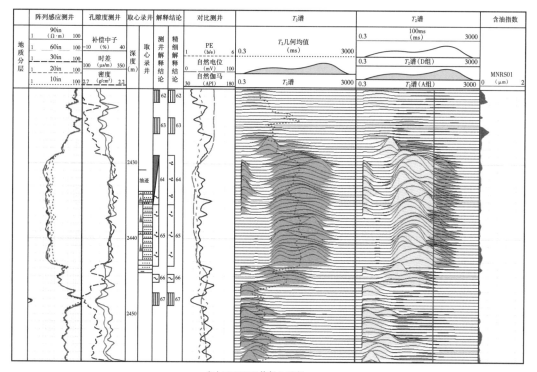

（b）MENG83井长8₁亚段

图 6-1-16　MRT 移谱法的识别流体成果图

表6-1-2 2020—2021年环西—彭阳地区核磁共振测井解释符合率统计表

试油时间	序号	地区	井号	层位	深度 顶深(m)	底深(m)	厚度(m)	电性参数 感应电阻率(Ω·m)	时差值(μs/m)	密度(g/cm³)	中子(%)	自然伽马(API)	解释参数 孔隙度(%)	渗透率(mD)	含油饱和度(%)	黏土含量(%)	解释结论	试油结果 油	水	符合情况
2020	1	环西—彭阳	ME77	长8_1	2369.8	2374.1	4.3	30.09	254.17	2.41	22.19	71.34	16.21	2.12	50.38	16.63	油层	13.35	9.50	符合
	2			长8_1	2380.8	2391.8	8.8	34.20	249.09	2.43	19.31	70.53	15.01	6.57	48.67	16.33	油层	26.10	0.00	符合
	3			延7	2156.2	2161.1	4.9	28.46	284.14	2.36	21.58	72.59	18.54	7.33	48.64	12.34	气层	0.26	3.80	符合
	4		ME64	长8_2	2320.7	2328.3	7.6	8.33	272.87	2.30	22.27	82.90	17.49	4.28	37.34	11.24	油水同层	0.26	6.7	符合
	5		ME83	长8_1	2428.9	2435.5	6.6	5.17	254.59	2.36	23.71	82.09	17.82	3.31	34.94	17.03	含油水层	0	31.7	符合
	6		HU40	长8_1	2613.6	2616.6	3.2	23.05	222.42	2.47	18.83	81.59	12.47	0.58	38.75	16.46	油水同层	1.53	2.00	符合
	7			长3_2	2232.9	2239.3	6.4	18.32	230.72	2.47	18.73	75.33	12.39	0.97	50.82	12.98	油层	4.76	2.70	符合
	8			延9	2320.9	2323.3	2.4	33.09	246.48	2.32	15.60	37.24	19.51	957.97	81.02	8.43	油层	73.87	0.00	符合
	9		HE33	长3_2	2354.1	2361.3	7.2	7.01	246.34	2.43	20.44	85.15	13.54	1.81	43.46	22.38	油水同层	0.00	38.40	符合
	10			长8_1	2729.0	2738.0	9.1	5.10	252.41	2.40	23.48	82.64	16.50	1.03	43.78	20.89	油水同层	油花	12.20	符合
	11		BA102	长9_1	2560.0	2567.0	7.0	68.16	216.01	2.50	13.50	86.22	9.66	0.28	45.73	17.49	油水同层	10.71	1.50	不符合
	12			长9_2	2633.9	2637.6	3.7	10.00	227.46	2.42	14.32	74.54	14.28	4.80	39.63	13.40	油水同层	0.00	16.80	符合
2021	13			延7	2058.1	2063.4	5.3	8.53	241.05	2.38	16.58	58.08	17.31	174.07	46.29	10.60	油水同层	14.20	9.90	不符合
	14		HE29	延9	2153.8	2156.0	2.3	10.05	248.95	2.42	23.79	76.81	12.78	1.08	35.12	13.86	油水同层	油花	3.90	不符合
	15			长3_2	2188.0	2191.0	3.0	8.42	237.39	2.45	19.05	67.93	13.45	2.58	42.22	13.86	油水同层	油花	14.50	符合
	16		ME116	长3_1下	2159.6	2162.0	2.4	5.94	240.03	2.37	22.51	64.87	16.81	3.4	37.52	9.7	油层	21.9	0	符合
	17			长3_1上	2168.3	2169.8	1.5	8.56	233.17	2.48	19.85	52.92	11.62	4.21	38.94	7.7	油层			符合
	18		DA5	长8_2	2889.6	2909.1	19.5	6.6	246.1053	2.4	21.3	87.2	17.54353	50.9	43.0	16.4	油层	58.31	0.00	符合

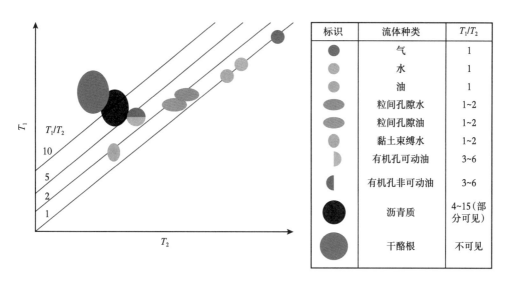

标识	流体种类	T_1/T_2
	气	1
	水	1
	油	1
	粒间孔隙水	1~2
	粒间孔隙油	1~2
	黏土束缚水	1~2
	有机孔可动油	3~6
	有机孔非可动油	3~6
	沥青质	4~15（部分可见）
	干酪根	不可见

图 6-1-17　不同类型流体的 T_1-T_2 交会图分布示意图（CMR-NG）

在岩心实验基础上，可采用固定截止值法或二维数据聚类解析法进行 T_1-T_2 图的数据分析。固定截止值法主要适用于地层相对均质，岩心数据较为丰富，T_1-T_2 图上流体分布区域较为明确的情况；二维数据聚类解析法是在不预设 T_1、T_2 边界值的情况下，利用盲源分析技术对 T_1/T_2 谱进行聚类分析，自动识别出最优的 T_1-T_2 相态类别和数目，并根据选定的 T_1-T_2 簇解析各深度点 T_1-T_2 图，计算 T_1-T_2 簇的孔隙体积，确定不同类型流体的含量与饱和度，如图 6-1-18 所示。图 6-1-18（a）为处理井段的盲源聚类分析的流体类别分布图，根据区域经验以及试油与二维核磁共振实验等资料，赋予各类分布域以具体类型的流体［图 6-1-18（b）］。

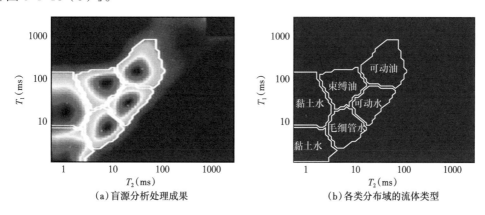

（a）盲源分析处理成果　　　　　　　　（b）各类分布域的流体类型

图 6-1-18　柴达木盆地 FEN10 井的 T_1-T_2 交会图的流体解释

图 6-1-19 为基于 CMR-NG 的 T_1-T_2 交会图识别油层的应用实例。从该图可以看出，I-4 小层的孔隙结构好，以大孔隙为主；结合图 6-1-18（b）的流体类型分布，主峰（红色）的 $T_1/T_2 > 3$，$T_2 > 20$ms，表明该小层含油性好，可动油含量高；次峰（蓝色）为地层水且以毛细管束缚水为主（$T_1/T_2=1$，$T_2 < 20$ms）；因此，将 I-4 小层解释为油层，压裂试油获日产油 16.02m³，与 CMR-NG 的解释结论一致。

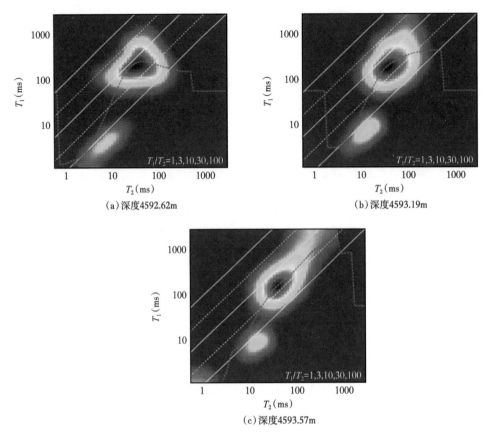

(a) 深度4592.62m　　　　　　　　　　(b) 深度4593.19m

(c) 深度4593.57m

图 6-1-19　柴达木盆地 FENG10 井 E_3^2- I -4 小层的 T_1-T_2 油层识别图

图 6-1-20 为基于 CMR-NG 的 T_1-T_2 交会图识别水层的应用实例。从该图可以看出，IV-2 小层的孔隙结构较好，以中大孔隙为主；结合图 6-1-18（b）的流体类型分布，主峰（红色）的 T_1/T_2 位于 1 左右，T_2 大多数大于 20ms，表明该小层含油性差，以可动水为主，但图 6-1-20（a）、图 6-1-20（b）和图 6-1-20（c）中部分数据点的 $T_1/T_2 > 3$，T_2 介于 10~20ms，为束缚油；次峰（蓝色）为油气且可动（$T_1/T_2=10, T_2 > 50ms$）；因此，将IV-2 小层解释为含油水层，该层未压裂，射孔后见油花，可以认为，与 CMR-NG 的解释结果一致。

四、介电扫描测井流体识别方法

介电扫描测井（ADT）属于电磁波传播类的电法测井，采用贴井壁方式测量，共有 2 个发射器和 8 个接收天线组，并按正交偶极方式将其集成至曲面极板。工作频率有 20MHz、100MHz、200MHz 和 960MHz 四种，探测深度介于 1~4in 之间，频率越高，探测深度越浅。纵向分辨率很高，可达 1in。

常见矿物和流体的相对介电常数如表 6-1-3 所示。从中可以看出，矿物与油气的相对介电常数差别不大，但它们却远低于水的相对介电常数。水是影响岩石相对介电常数的主要因素，介电扫描测井即利用这一特性敏感地探测地层水的孔隙体积，与地层总孔隙相比较识别流体，即：如果 $\phi_{\text{wtADT}} > \phi_t$，则地层中含油气；否则，地层为水层。

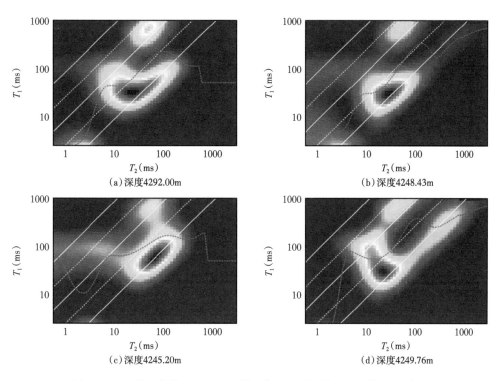

图 6-1-20　柴达木盆地 FENG10 井 E_3^2-IV-2 小层的 T_1-T_2 水层识别图

表 6-1-3　常见矿物和流体的相对介电常数

岩石骨架	相对介电常数	岩石骨架或流体	相对介电常数
石英	4.4	岩盐	5.9
砂岩	4.65	石膏	4.2
石灰岩	8.5	油	2.2
白云岩	6.8	空气、天然气	1.0
黏土	5.0~5.8	水、盐水*	80~45
硬石膏	6.4		

*取决于测量频率、地层压力、地层温度和水矿化度。

　　如果对比试油资料和其他测井解释结论，可进一步据两者的差异大小划分油层、油水同层和水层，从而达到识别流体的目的，并且可按下式计算基于介电扫描测井的含油饱和度：

$$S_{oADT} = \left(1 - \frac{\phi_{wtADT}}{\phi_t}\right) \times 100\% \qquad (6\text{-}1\text{-}9)$$

式中 ϕ_{wtADT}——介电扫描测井确定的总含水孔隙度；

ϕ_{t}——其他方法计算的地层总孔隙度；

S_{oADT}——基于介电扫描测井计算的含油饱和度，%。

从上述知，以介电扫描测井识别流体并计算饱和度的工作似乎变得很简单，但其中蕴涵的关键是准确计算含水孔隙度。为此，需根据测量的不同频率、不同间距的电磁波幅度和相位数据准确确定骨架介电常数，结合地层水矿化度计算地层介电常数，并结合储层特征优选反映频散特征的反演模型。

1. 骨架介电常数确定

采用数值模拟方法量化分析骨架相对介电常数对含水饱和度计算的影响程度，如图 6-1-21 所示，以骨架相对介电常数为 4.65、孔隙度为 10%、含水饱和度为 50% 的纯砂岩地层为模拟参数，其他参数不变的情况下，当将骨架相对介电常数变为 5 时，含水饱和度将降低至 35%。而且，总孔隙度越小，骨架相对介电常数增加同等量，含水饱和度降低值越大，即低孔隙度条件下，含水饱和度受骨架相对介电常数影响较大。因此，应结合元素测井确定的矿物含量尤其是黄铁矿含量（相对介电常数为 27.12），在岩石物理实验刻度下准确计算骨架的相对介电参数。

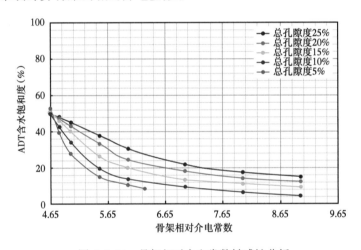

图 6-1-21　骨架相对介电常数敏感性分析

实际井资料的处理分析表明，骨架相对介电常数的准确性对饱和度计算以及解释结论影响较大，如图 6-1-22 所示。ME 61 井位于鄂尔多斯盆地环西—彭阳地区，对于含油饱和度低的长 8 储层，分别采用骨架相对介电常为 4.65（石英）、6（白云石）和 8.5（方解石）并以常用的 CRIM 模型计算含油饱和度，计算结果差异较大：选用石英骨架时，含油饱和度为 0，解释为水层，与试油结论一致（日产水 34m^3，无油）；选用方解石骨架时，含油饱和度接近 20%，解释为油水同层；选用白云石骨架时，含油饱和度达 50%，解释为油层。由此可见，应据储层的矿物种类及其含量准确计算混合骨架的相对介电常数。

岩石物理实验中，可测量若干个干岩心样品的相对介电常数与孔隙度，并回归分析其相关关系（图 6-1-23），可令孔隙度为零时的相对介电常数为骨架相对介电常数，从而确定相对介电常数数值为 5.3。需要指出的是，该方法适用于矿物种类及其含量变化不大的储层，否则，其确定结果存在较大的不确定性。

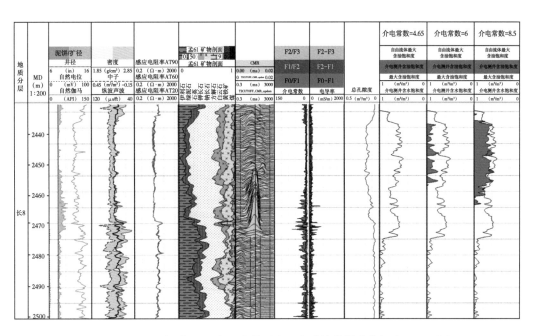

图 6-1-22 不同骨架相对介电常数对饱和度计算的影响分析（ME 61 井）

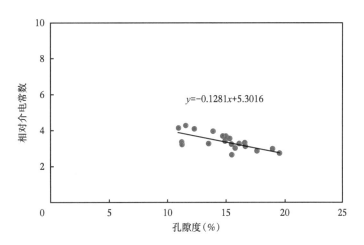

图 6-1-23 鄂尔多斯盆地环西—彭阳地区长 8 储层的岩心测量孔隙度—相对介电常数关系

2. 地层水电阻率的频散效应

图 6-1-24 表明，当砂岩样品孔隙中饱和水为蒸馏水时（矿化度为 0mg/L），其相对介电常数基本与测量频率无关，即频散效应可以不考虑；随着地层水电阻率增加，岩样相对介电常数的频散效应越强；高频段处，地层水电阻率影响弱、趋向于饱和蒸馏水的相对介电常数。低频（100MHz 及以下）则与之相反，受地层水电阻率影响大，地层水电阻率越小，相对介电常数越大。当地层水电阻率从 $0.051\Omega\cdot m$ 增加至 $1.01\Omega\cdot m$，100MHz 相对介电常数则从 36 下降至 19，降低幅度达 47.2%。

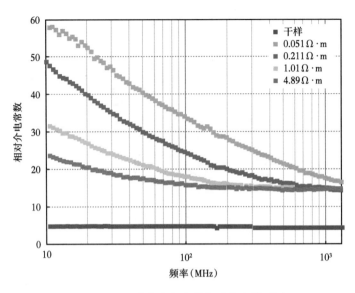

图 6-1-24　砂岩介电常数与矿化度关系图

因此，当地层水矿化度较高（大于 10000mg/L）时，采用低频测量数据进行反演处理时，需结合频散效应确定地层的相对介电常数。

3. 介电常数的反演模型优选

地层的介电常数具有频散特征，低频部分介电常数主要与岩石结构（岩电参数和阳离子交换容量）有关，高频部分主要与含水体积（含水孔隙度）有关，受岩石结构影响小。考虑频散效应的介电常数测井响应可表达为

$$\varepsilon = f_{\_\mathrm{freq}}\left(\phi_t, S_w, \varepsilon_m, \varepsilon_w, \varepsilon_{\mathrm{oil}}, m, n\right) \tag{6-1-10}$$

式中　ε——地层的相对介电常数；

ε_m——岩石骨架的相对介电常数；

ε_w——地层水的相对介电常数；

$\varepsilon_{\mathrm{oil}}$——地层中油的相对介电常数；

m，n——岩电参数。

基于孔隙结构、孔隙度、地层水矿化度和岩性等储层特征，发展形成了一系列与介电测井相关的相对介电常数反演模型，主要有 CRIM 模型：

$$\sqrt{\varepsilon} = \left(1-\phi_T\right)\sqrt{\varepsilon_m} + \phi_T\left[S_w\sqrt{\varepsilon_w} + \left(1-S_w\right)\sqrt{\varepsilon_{\mathrm{oil}}}\right] \tag{6-1-11}$$

CRIM 模型未考虑低频测量下的岩石界面极化以及地层水等介电频散相关的极化（极化特征与岩石结构有关）。为此，发展了 Bimodal 和 SMD 模型。这两个模型认为岩石是由孤立的干骨架、油气和导电地层水组成，考虑岩石结构的附加作用，即

$$\varepsilon^* = \int_{\mathrm{Mix}}\left(\phi_t, S_w, \varepsilon_m, \varepsilon_w^*, \varepsilon_{\mathrm{oil}}, t, \ldots\right)$$

式中　t——岩石结构相关参数。

此外，考虑钻井液矿化度性能、储层的不同矿物类型、黏土附加导电作用以及孔隙度分布范围等因素，还发展形成了 Carbonate SDR06 模型、Shaly-Sand 模型（SHSD）和 Adriatic 模型。

常用反演模型的适用性与反演参数结果见表 6-1-4。图 6-1-25 应用了鄂尔多斯盆地彭阳地区一口井测井资料，以实际井的测井资料进一步证实，不同反演模型对计算的饱和度

表 6-1-4　介电扫描测井的常用反演模型适用条件及反演结果

模型	适用条件	反演结果			
CRIM	地温低、地层水矿化度低或孔隙结构的地层	ϕ_w	C_w		
Bimodal	适用于岩性简单、孔隙度和孔隙结构变化大、地层水矿化度高的地层	ϕ_w	C_w	m_n	岩石结构参数
SMD	孔隙结构变化及高矿化度地层，但不适用于低孔隙度地层	ϕ_w	C_w	m_n	连通指数
Carbonate SDR06	钻井液矿化度不太高（$< 50 \times 10^3 mg/L$）的碳酸盐地层	ϕ_w	C_w	水逆极化因子	骨架—油逆极化因子
Shaly-Sand	阳离子附加导电作用较大的泥质砂岩	ϕ_w	C_w	m_n	CEC
Adriatic	地层水矿化度其高（接近于海水）和高孔隙度（$> 15\%$）地层	ϕ_w	C_w	m_n	CEC

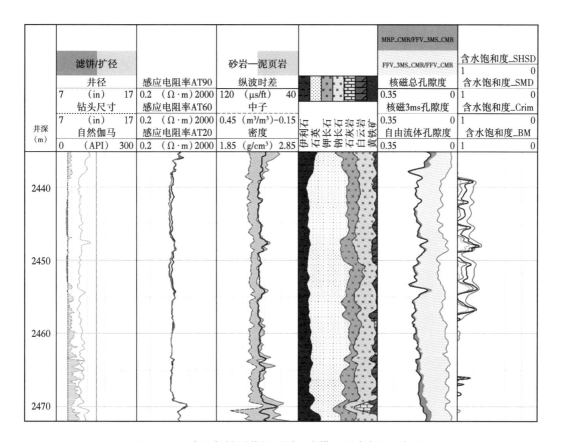

图 6-1-25　介电扫描测井的不同反演模型所确定饱和度对比

差异大。该图中，以岩心刻度后的测井计算矿物含量计算混合骨架的相对介电常数，核磁共振测井计算总孔隙度，选用 $60×10^3$mg/L 地层水矿化度，常用不同的相对介电常数反演模型计算的含油饱和度从高到低依次为 SHSD、CRIM、Bimodal 和 SMD，如 2250~2254m 深度段上，它们计算的含油饱和度分别约为 20%、12%、7% 和 2%，差异明显。

图 6-1-26 进一步分析了鄂尔多斯盆地环西—彭阳地区长 8 段地层的 CRIM 模型和 Bimodal 模型适用性。该图表明，相同参数情况下，CRIM 模型含油饱和度比 Bimodal 模型含油饱和度要高 20% 以上，解释结论一般高一个级别，但 Bimodal 模型的计算结果与试油结论一致性较好，其对环西—彭阳地区适用性较好。Bimodal 模型考虑了岩石结构，而该区长 8 储层孔隙结构复杂，因此，其适用性更好。

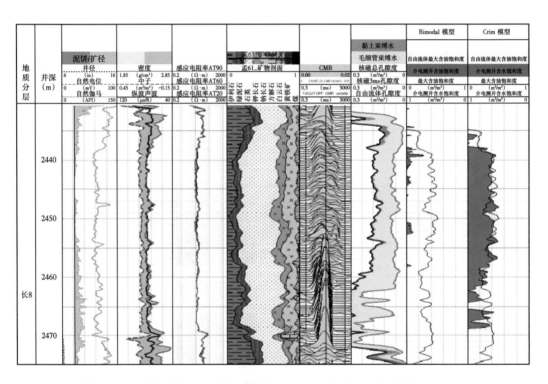

图 6-1-26　鄂尔多斯盆地环西—彭阳地区长 8 段地层 CRIM 模型与 Bimodal
模型的饱和度计算结果对比

可采用核磁共振测井所确定的孔隙结构特征优选相对介电常数反演模型。如图 6-1-27 所示，对 20 块取自鄂尔多斯盆地环西—彭阳地区长 8 储层的样品进行高精度核磁共振实验，获取完全含水状态的 T_2 分布；对这些样品进行介电实验测量，确定相对介电常数与孔隙度并建立其交会图。图 6-1-27 表明，不同的核磁共振实验 T_2 谱特征应采用不同的反演模型，即当 T_2 谱为双峰时，应选用考虑地层水频散效应的 CRIM 模型［式（6-1-11）］，其计算饱和度误差较小；当 T_2 谱为单峰时，则宜采用改进的 CRIM 模型［式（6-1-12）］。

双峰模型：

$$\sqrt{\varepsilon^*} = (1-\phi_t)\sqrt{\varepsilon_{ma}} + \phi_t\left(S_w\sqrt{\varepsilon_w^*} + (1-S_w)\sqrt{\varepsilon_{oil}}\right) \qquad (6-1-12)$$

单峰模型：

$$\sqrt[3]{\varepsilon^*} = \left(1-\phi_t\right)\sqrt[3]{\varepsilon_{ma}} + \phi_t\left(S_w\sqrt[3]{\varepsilon_w^*} + \left(1-S_w\right)\sqrt[3]{\varepsilon_{oil}}\right) \qquad（6-1-13）$$

式中　ε^*——考虑地层水频散效应的相对介电常数。

可将地层水频散模型设为经验模型—幂函数模型，即

$$\varepsilon_w^* = A\omega^{-n}\varepsilon_w$$

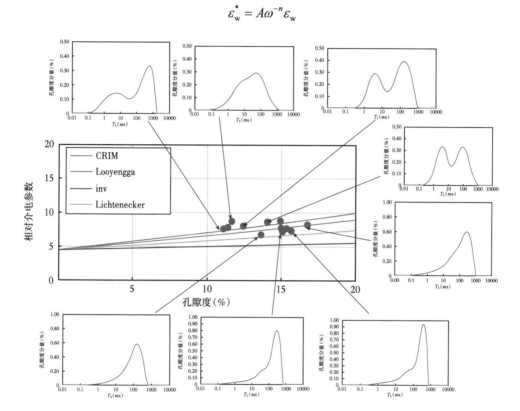

图 6-1-27　核磁共振与介电的实验联测优选介电常数反演模型

4. 核磁共振与介电扫描测井联合识别流体

核磁共振和介电扫描测井技术均可描述不同孔隙空间不同流体的孔隙度分布特征，且探测深度相近，可较准确地确定井旁径向 10cm 范围的流体分布。

1）三孔隙度融合法

核磁共振测井可计算总孔隙度、可动孔隙度和束缚水孔隙度，结合介电扫描测井确定的总含水孔隙度，可计算以下参数。

可动水孔隙度：

$$\phi_{wmADTNMR} = \phi_{wtADT} - \phi_{wirNMR} \qquad（6-1-14）$$

含油孔隙度：

$$\phi_{oADTNMR} = \phi_{tNMR} - \phi_{wtADT} \qquad（6-1-15）$$

可动孔隙度：

$$\phi_{mNMR} = \phi_{tNMR} - \phi_{wirNMR} \qquad (6-1-16)$$

式中　ϕ_{tNMR}——核磁共振测井计算的总孔隙度，%；

　　　ϕ_{wirNMR}——核磁共振测井计算的束缚水孔隙度，%；

　　　$\phi_{wmAdtNMR}$——核磁共振测井与介电扫描测井联合计算的可动水孔隙度，%；

　　　$\phi_{oADTNMR}$——核磁共振测井与介电扫描计算的含油孔隙度，%；

　　　ϕ_{mNMR}——核磁共振测井计算的可动孔隙度，%。

由此，据式（6-1-14）和式（6-1-15）进行油层、油水同层和水层的识别，如图6-1-28所示。该图表明：

（1）图6-1-28（a）中的上段，$\phi_{tNMR} \gg \phi_{wtADT}$ 且 $\phi_{wtADT} \approx \phi_{wirNMR}$，即含油孔隙度大，可动水孔隙度几乎为零，因此，解释为纯油层；其下段则 $\phi_{tNMR} > \phi_{wtADT}$ 且 $\phi_{wtADT} \gg \phi_{wirNMR}$，表明含油孔隙度小，但可动水孔隙度却较大，解释为含油水层。

（2）图6-1-28（b）中的上段与（a）上段的三孔隙度分布特征类似，可解释为油层；下段 $\phi_{tNMR} > \phi_{wtADT} = \phi_{wirNMR}$，无含油孔隙度和可动水孔隙度，解释为干层。

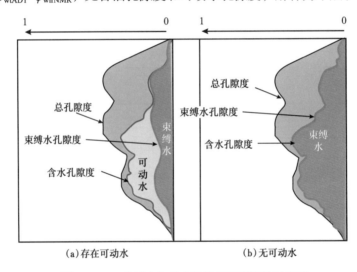

图 6-1-28　束缚水与总水孔隙度识别流体示意图

图6-1-29为鄂尔多斯盆地MENG67井的三孔隙度融合法应用实例。从中可以看出，2473~2485m的深度段上，核磁共振测井计算的总孔隙度为11%~20%，介电扫描测井计算的总含水孔隙度为8%~13%，两者相差2%~7%，计算的含油饱和度为20%~60%，解释为油层，测试后日产原油15.05m³，解释结论正确。

2）核磁共振总孔隙度与介电常数交会图法

考虑到基于储层孔隙结构的差异性成藏特点，以及鄂尔多斯盆地环西—彭阳地区长8段的低孔隙度储层特征，含油性越好的储层，孔隙结构较好，泥质含量较低，总孔隙度较低但有效孔隙度较高，因此，总孔隙度的大小规律为油层＞油水同层＞水层。另一方面，长8段的地层水矿化度50000mg/L左右，由此，相对介电常数的大小规律则为油层＜油水同层＜水层。

因此，可以核磁共振测井确定总孔隙度，以介电扫描测井计算介电常数（为减少侵入作用，采用最大探测深度），从而建立总孔隙度—介电常数的流体识别图版，基于鄂尔多斯盆地环西—彭阳地区长 8 段措施数据的图版如图 6-1-30 所示。该图可以较为清晰地识别油层、油层同层和水层，其识别标准为：

（1）油层：ϕ_{tNMR} < 15%，相对介电常数 < 8.3。

（2）油水同层：12% < ϕ_{tNMR} < 17%，8.3 < 相对介电常数 < 9.8。

（3）水层：ϕ_{tNMR} > 15%，相对介电常数 > 9.8。

图 6-1-31 为鄂尔多斯盆地 MENG78 井基于总孔隙度—介电常数交会图的流体识别应用实例。从中可以看出，上部深度段明显较下部含油性好，即：

（1）2468~2477m 深度段上，核磁共振 T_2 谱指示孔隙结构好，总孔隙度 15% 左右，相对介电常数平均 9.1，介电扫描含油饱和度 22.7%，解释为油水同层。

（2）2488~2502m 深度段上，核磁共振 T_2 谱指示孔隙结构好，总孔隙度 20% 左右，相对介电常数平均 12~14，解释为水层。

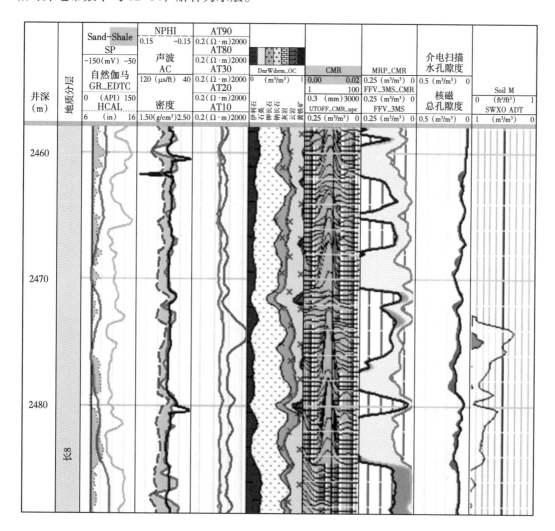

图 6-1-29 三孔隙度融合法的流体识别

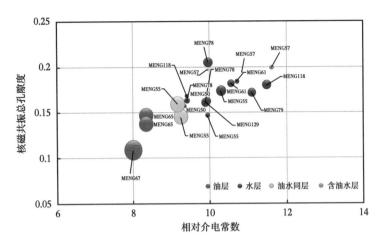

图 6-1-30　核磁共振总孔隙度—相对介电常数的流体识别图版

（图中圆圈半径的大小表示试油日产液量）

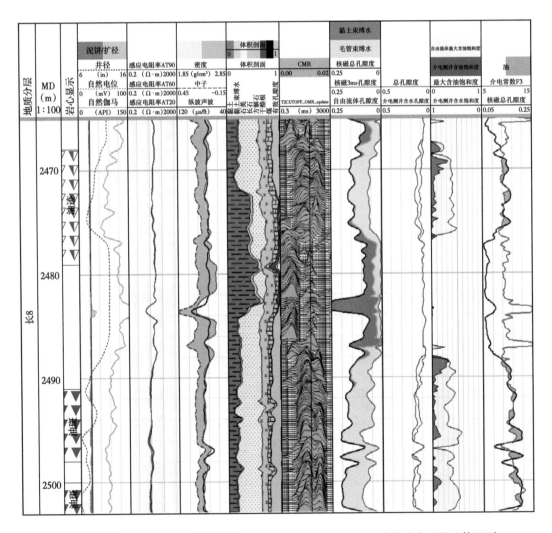

图 6-1-31　鄂尔多斯盆地 MENG78 井核磁共振总孔隙度与介电常数交会法的流体识别

3）可动孔隙含油指数法

由式（6-1-13）和式（6-1-14），可定义可动孔隙含油指数为

$$\gamma = \frac{\phi_{oADTNMR}}{\phi_{mNMR}}$$

（6-1-17）

式中　γ——可动孔隙含油指数。

显然，储层含油性越好，可动孔隙含油指数越大，其应用实例如图6-1-32所示。该图表明，2292~2316m深度段上，可动孔隙含油指数较大，一般大于0.4，解释为油层，与后期试油结果相一致。

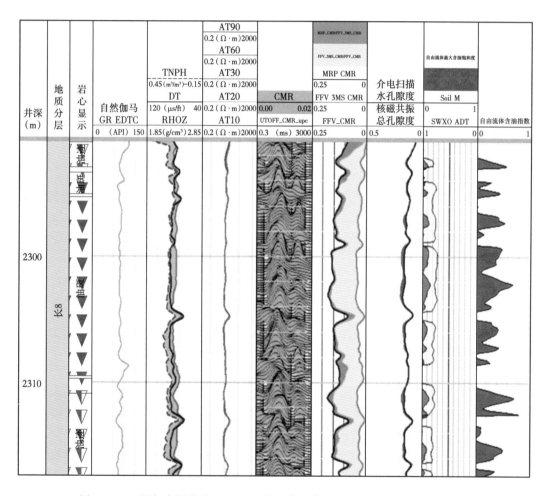

图6-1-32　鄂尔多斯盆地MENG65井可动孔隙含油指数法的流体识别成果图

五、热中子俘获截面流体识别方法

热中子俘获截面（Σ）流体识别方法基于油气与地层水的热中子俘获截面存在较大差异而提出。常见储层中，Σ主要与含氯量有关，当岩石骨架中不含较大Σ的矿物且地层水矿化度高而稳定时，可以此方法较准确地计算含水饱和度。

常见矿物的 Σ 值见表 6-1-5，从中可以看出：

（1）沉积岩储层中，常见的主要骨架矿物（如石英、方解石、白云石）的 Σ 值均很小；

（2）氯的 Σ 值很高，较硅、钙、镁、氢和氧等元素高得多，所以岩盐和高矿化度地层水的 Σ 值很大；

（3）孔隙流体的 Σ 值较常见的大部分骨架矿物大很多，故测井测量的 Σ 值受到孔隙度影响，即孔隙度较小的储层，Σ 值受流体影响小；

（4）黏土矿物含一定量的黏土束缚水，使其 Σ 值多在 35~55c.u. 之间，对测井测量的 Σ 值影响较大，以 Σ 值识别流体方法需考虑黏土类型及其含量；

（5）硼、汞等元素的 Σ 值特别大，岩石骨架或孔隙流体中含微量的硼、汞，就能使测井测量的 Σ 值明显增大。

表 6-1-5　常见矿物的 Σ 理论值

矿物	分子式	Σ（c.u.）
石英	SiO_2	4.25
钠长石	$NaAlSi_3O_8$	7.6
方解石	$CaCO_3$	7.3
白云石	$CaMg(CO_3)_2$	4.8
硼	B	98898.2
汞	Hg	10237.2
氯化钠	NaCl	770
淡水	H_2O	22.1
盐水	$H_2O+NaCl$	123
油	$C_xH_yO_z$	22

由上述知，热中子俘获截面流体识别方法适用于高矿化度地层水（一般要求大于50000mg/L），储层孔隙度较高（一般要求大于 5%），黏土含量低，不含固态的盐以及硼和汞等元素，钻井液矿化度与地层水相近等。

热中子俘获截面可由元素全谱测井而测量获取。考虑到元素全谱测井的探测深度较浅（20cm 左右），基本处于冲洗带或侵入带内，易于受钻井液侵入作用。对于水层，如钻井液矿化度与地层水相当，可忽略钻井液的侵入作用；对于油气层，如钻井液矿化度较高，则其 Σ 值增大（图 6-1-33），导致测量的 Σ 值较大，由此可能误判为水层或者同层，即出现测井低解释的现象。

根据储层的岩性、物性和地层水矿化度等参数，可采用正演数值模拟方法制作模数为含水饱和度的 Σ—孔隙度交会图版，如图 6-1-34 所示。模拟计算中，采用的岩石骨架 Σ 为 10c.u.，油的 Σ 为 20c.u.，地层水的 Σ 为 125c.u.。由该图可知，当地层孔隙度为 5% 时，含水饱和度为 50% 的低饱和度油层与含水饱和度为 0% 的纯油层、100% 的纯水层 Σ 间差值分别为 2.7c.u. 和 2.3c.u.，差值不大；随着孔隙度的增大，这两种差值明显变大，如孔隙度为 10% 时，这两种的差值分别变为 4.9c.u. 和 4.2c.u.，扩大近一倍。因此，地层的孔隙度越大，该方法识别流体类型的效果越好。

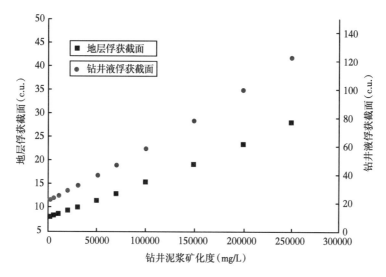

图 6-1-33　钻井液矿化度对热中子俘获截面的影响示意图

模拟条件：20% 孔隙度砂岩

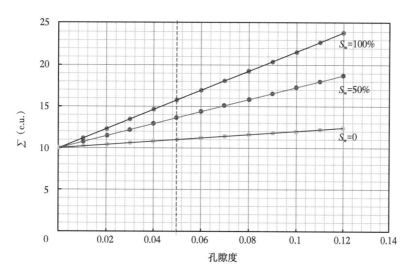

图 6-1-34　热中子俘获截面识别流体模拟图版

进一步地，基于图 6-1-34 可建立热中子俘获截面识别流体的方法，即：

（1）根据测井确定的孔隙度和矿物含量，计算地层 100% 含水时的 Σ 值（即背景值 Σ_{BK}）；

（2）分析 Σ_{BK} 与测井实测的 Σ 值（即测井值 Σ_{LOG}）的差异，分析流体类型。

为此，定义含油性指示参数为

$$\xi = \frac{\Sigma_{BK} - \Sigma_{LOG}}{\phi} \times 100\% \qquad (6\text{-}1\text{-}18)$$

式中　Σ_{BK}——孔隙空间 100% 含水的 Σ，即背景值，c.u.；

　　　Σ_{LOG}——元素全谱测井测量的 Σ，即测井值，c.u.。

由于水的 Σ 值远大于油的 Σ 值，因此，如 $\Sigma_{BK} > \Sigma_{LOG}$，则表明地层具有一定的含油性，该差值越大，即含油性指示参数越大，表明地层含油性越好；如两者相近，则地层含油性差。

柴达木盆地凤西地区 N_1—N_2^1 混积岩类低饱和度油层的岩性复杂，黏土、长英质和碳酸盐质含量各占 1/3 左右，而且孔隙度低（主要为 5%~10%），孔隙结构复杂，电阻率曲线对流体类型的敏感性低，导致采用常规的电阻率—孔隙度类图版识别流体的符合率低，几乎难以划分出油层、油水同层和水层，如图 6-1-35（a）所示，该图版基本不能用。

然而，该区目的层的地层水矿化度很高，氯含量可达（15~20）×10^4mg/L，其 Σ 值可达 120c.u. 以上，为油层的 Σ 值 6 倍以上，表明采用热中子俘获截面识别流体效果应该较好。为此，建立含油性指示参数—孔隙度的交会图，如图 6-1-35（b）所示。显然，图 6-1-35（b）较图 6-1-35（a）的流体识别效果好得多，可较为清晰地将水层与含水油层、油水同层、油层区分为相互独立的区域，图版识别符合率 85% 以上。

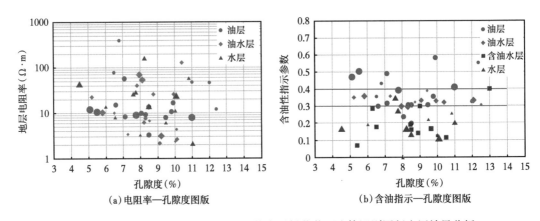

图 6-1-35　柴达木盆地凤西地区的热中子俘获截面流体识别图版应用效果分析

图中符号的大小表示储层孔隙度

图 6-1-36 为柴达木盆地英西地区 SHI53 井基于热中子俘获截面的含油性指示参数法流体识别成果图，从中可看出，3921~3927m 层段有以下特征：

（1）黏土含量低，碳酸盐岩含量超过 70%，属较纯的碳酸盐岩储层。顶部测井计算的孔隙度为 6%，电成像测井解释网状高导裂缝发育，为 I 类储层；底部孔隙度 4%，裂缝不发育，解释为 II 类储层。

（2）含油性指示参数介于 0.2~0.4 之间（倒数第一道），表明含油性好且连续，因此解释为油层，尽管气测显示低、处于基值水平。该层射孔后压裂，初期 2mm 油嘴日产油 28.32m³，改变了气测差处测井不敢解释油气层的尴尬局面。

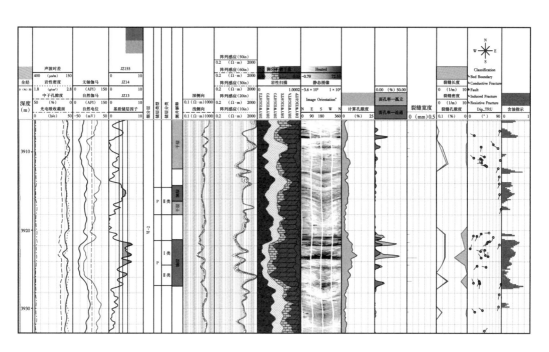

图 6-1-36　SHI53 井的 N_1—N_2^1 混积岩热中子俘获截面流体识别成果图

第二节　油水同层细分方法与标准

流体识别方法主要目的是有效区分油层、油水同层和水层（含油水层），然而，大量油水同层的试油试采资料表明，其产油量（无论是累计量还是日产量）差异大，有相当一部分层段获取了工业油流，生产开采意义大，而另外一部分则与之相反。显然，仅仅识别出油水同层还不够，需在此基础上，进一步差中找优地甄别出可产工业油流的油水同层，从而更针对性地选取试油试采层段，提高工程措施的成功率和经济效益。因此，需基于流体识别结果与关键参数（相渗透率、含水率和产油量等）计算成果建立油水同层细分的评价方法与识别标准而实现这一目的，即识别可产工业油流流的油水同层（Ⅰ类）和不能产工业油流流的油水同层（Ⅱ类）。

一、含水率—饱和度图版法

在试油和试采过程中，油水同层表现为油水同出，一般地，产油量和产水量之比与饱和度和含水率密切相关。产油量大时，含水饱和度小，含水率相应降低，因此，可建立基于含水率的油水同层细分标准。

图 6-2-1 为基于吐哈盆地红台地区西山窑组试油资料建立的含水率—含水饱和度的图版，结合测井解释的储层物性参数，可将油水同层进一步细分为两类并建立相应细分标准，如表 6-2-1 所示，即

（1）Ⅰ类油水同层：日产油大于 $5m^3$，且针对 $15m^3$ 以上压裂液仍然有经济效益，是重点目的层。

（2）Ⅱ类油水同层：日产油可达 3m³，但考虑到其压裂成本，难以达到本区经济产层的下限要求。

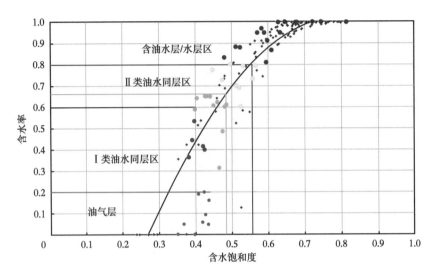

图 6-2-1　含水率—含水饱和度的油水同层细分图版

表 6-2-1　含水率—含水饱和度的油水同层细分标准

类型		物性		含水率	含水饱和度
		孔隙度（%）	渗透率（mD）		
油层		≥ 6.0	≥ 0.05	＜ 0.2	＜ 0.34
油水同层	Ⅰ类			0.2~0.55	0.33~0.44
	Ⅱ类			0.55~0.8	0.44~0.55
含油水层 / 水层				＞ 0.8	＞ 0.55

二、含水率—可动油指数交会图法

由含水率计算公式可知，含水率的影响因素主要有油水相对渗透率、油水黏度比、生产压差。油水相对渗透率主要受孔隙度、渗透率和生产压差影响。其中储层孔隙度、渗透率主要由岩石孔隙结构控制。考虑孔隙结构对含水率的影响，由不同储层品质指数下的含水率曲线特征可知，如图 6-2-2 所示，随储层品质指数 $\sqrt{\dfrac{K}{\phi}}$ 增大，含水率曲线左移，含水率曲线坡度变缓；而随着储层品质指数减小，孔隙结构变差，含水率曲线右移，含水率曲线坡度变陡。由于不同孔隙结构特征的储层含水率曲线坡度并不相同，根据含水率细分方法及标准进行低饱和度油层划分评价时误差较大，尤其是在孔隙结构较差的储层中，误判率升高。

为了提高低饱和度油层分级评价精度，采用可动油指数与含水率交会图建立低饱和度油层细分标准，如图 6-2-3 和表 6-2-2 所示，避免了由孔隙结构不同而带来的含水率细分标准不同的局限性，提高了低饱和度油层分级评价精度和可操作性。

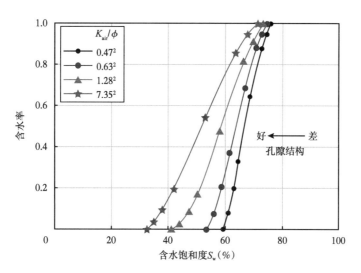

图 6-2-2　不同孔、渗下的含水率曲线

可动油指数定义为

$$\lambda = \phi_e \left(S_o - S_{or} \right) \tag{6-2-1}$$

式中　S_{or}——残余油饱和度，%。

S_{or} 的计算方法为

$$当 \sqrt{\frac{K}{\phi_e}} \leqslant 1.5 时，\quad S_{or} = 0.0411 \ln \sqrt{K / \phi_e} + 0.273$$

$$当 \sqrt{\frac{K}{\phi_e}} > 1.5 时，\quad S_{or} = 0.0124 \ln \sqrt{K / \phi_e} + 0.266$$

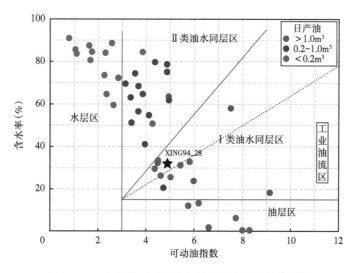

图 6-2-3　含水率—可动油体积的油水同层细分图版

表 6-2-2 含水率—含油体积的油水同层细分标准

类型		含水率 F_w（%）	可动油指数（%）
油层		< 15	$\lambda > 3$
油水同层	Ⅰ类	15~60	$15 < F_w \leqslant 13.75\lambda-26.25$
	Ⅱ类	50~80	$\lambda > 3$，$F_w > 13.75\lambda-26.25$
水层		> 60	$\lambda < 3$

图 6-2-4 是松辽盆地 XING94 井油水同层细分评价成果图。该图中 28 号层计算的含水率为 32%，含油饱和度为 48%，孔隙度为 18.5%，位于图 6-2-3 图版的 Ⅱ类油水同层区，测试以产水为主，产油量未达到工业油流标准，解释结论与试油结果相一致。

三、产油量法

在第五章中，提出了包括自然产能和压裂措施后产能的测井预测方法，考虑到措施改造成本以及储量起算标准，在流体识别基础上，可据产油量高低建立油水同层细分标准。如表 6-2-3 所示，基于松辽盆地杏西地区和龙西地区低饱和度油层而建立的油水同层细分标准，将油水同层细分为达工业（Ⅰ类）和未达工业（Ⅱ类）的油水同层，实现了油水同层的精细解释，并通过分出有工业价值的油水同层，为试油优选与老井挖潜提供更加科学的技术支持。

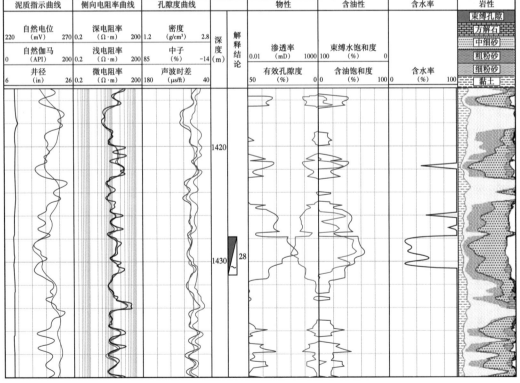

图 6-2-4 大庆油田 XING94 井处理评价解释图

表 6-2-3 基于产油量的油水同层细分标准

产油级别	产油量（m³/d）
油层	＞ 10
Ⅰ类油水同层	3~10
Ⅱ类油水同层	1~3
水层或含油水层	＜ 1

表 6-2-4 为杏西地区和龙西地区中浅层 32 口井 44 个油水同层的产油量预测及其压裂结果的对比。其中，符合 36 层，预测符合率 81.8%。初看起来，这个符合率并不高，但是，如考虑到压裂改造过程中所存在的诸多不确定性因素，可以说，能有这么高的符合率是很了不起的工作。

表 6-2-4 龙西、杏西地区萨、葡油层油水同层细分符合率统计表

序号	井号	层号	预测日产油（m³）	解释结论	压后日产油（m³）	试油结论	符合情况
1	GU461	26	1.930	Ⅰ类油水同层	0.797	Ⅱ类油水同层	不符合
2	LO11	29	0.016	Ⅱ类油水同层	0.340	Ⅱ类油水同层	符合
3	LO242-1	27	11.736	Ⅰ类油水同层	11.011	工业油水同层	符合
4	LO45-3	34	0.308	Ⅱ类油水同层	0.521	Ⅱ类油水同层	符合
5	LO45-斜1	36	0.475	Ⅱ类油水同层	0.451	Ⅱ类油水同层	符合
6		38	1.678	Ⅰ类油水同层	1.343	Ⅰ类油水同层	符合
7		39	1.746	Ⅰ类油水同层	1.428	Ⅰ类油水同层	符合
8	LO45-斜2	42	1.563	Ⅰ类油水同层	1.268	Ⅰ类油水同层	符合
9		44	0.507	Ⅱ类油水同层	0.802	Ⅱ类油水同层	符合
10	LO45-斜4	22	3.259	Ⅰ类油水同层	2.859	Ⅰ类油水同层	符合
11		35	0.530	Ⅱ类油水同层	0.278	Ⅱ类油水同层	符合
12	TA21-1	12	0.960	Ⅱ类油水同层	1.920	Ⅰ类油水同层	不符合
13	TA35-2	36	0.350	Ⅱ类油水同层	0.019	Ⅱ类油水同层	符合
14	TA斜1613	20	2.440	Ⅰ类油水同层	2.431	Ⅰ类油水同层	符合
15	TA斜1704	21	3.140	Ⅰ类油水同层	0.988	Ⅱ类油水同层	不符合
16	TA斜1706	35	0.050	Ⅱ类油水同层	12.360	Ⅰ类油水同层	不符合
17	TA斜3502	40	0.050	Ⅱ类油水同层	3.327	Ⅰ类油水同层	不符合
18	TA斜5201	46	28.690	Ⅰ类油水同层	4.872	Ⅰ类油水同层	符合
19	TA斜5203	30	0.050	Ⅱ类油水同层	1.086	Ⅰ类油水同层	不符合
...	...	...	...	...	...	...	...
44	XI斜9505	44	0.050	Ⅱ类油水同层	0.720	Ⅱ类油水同层	符合

第七章 岩石物理实验与测井采集设计

低饱和度油层的成因类型多样，机理复杂，导致流体类型识别难度大尤其是油水同层细分更甚，而国内外相关技术缺乏、可借鉴性差，需基于针对性的岩石物理实验研究并配套针对性的测井采集资料，研究针对性的方法、技术与标准等，满足低饱和度油层评价需求。

第一节 岩石物理实验设计

针对低饱和度油层成因分析、关键参数计算以及流体识别与油水同层细分等评价内容，设计针对性的岩石物理实验设计至关重要，具体见表7-1-1。

表7-1-1 低饱和度油层岩石物理实验设计

实验目的	实验项目	实验结果	数据应用
岩性评价	X射线衍射全岩分析、黏土矿物分析、粒度分析	黏土矿物类型与含量、骨架类型与含量、粒度分布	岩性识别与矿物组分确定、黏土附加导电分析、骨架密度与介电常数确定、成因机理分析等
烃源岩分析	有机地化实验	干酪根的有机碳含量（TOC_{KER}）及其有效烃源岩的截止值	测井TOC_{KER}计算、有效烃源岩厚度确定、成因机理分析等
物性评价	常规物性、一维核磁共振、高压压汞	孔隙度、渗透率，T_2截止值；孔喉分布	黏土束缚孔隙度、毛细管束缚孔隙度、总孔隙度、排驱压力确定，孔隙结构评价，油柱高度估算，流体识别，成因机理分析等
含油性评价	岩电实验、激光共聚焦分析、一维/二维核磁共振实验、润湿性分析	岩电参数、原油赋存特征、饱和度分布	束缚水饱和度、可动水饱和度计算，可动油饱和度计算，流体识别，成因机理分析等
相渗分析	稳态和非稳态相渗实验	油相渗透率、水相渗透率及其与含油饱和度的关系	建立不同类别储层的相渗计算模型、自然生产与压裂生产的含水率与产能计算模型，油水同层细分
流体分析	水性分析	地层水矿化度及其类型	地层水电阻率确定
	原油性质分析	原油密度与黏度	原油性质
	密闭取心饱和度分析	原始含油饱和度	刻度含油饱和度计算

实验实施过程中，应注重：

（1）针对不同成因的低饱和度油层优选实验项目。样品制备时，要确保整个实验的系统性和完整性，即覆盖不同岩性、不同孔隙结构的岩石样品，以及取自不同层位、不同流体类型的流体样品。

（2）优化设计合理的实验流程，确保实验的配套性。根据样品的可重复性应用规则，尽可能地将一块样品完成多项实验；否则，也应取主样品相邻处的样品。

（3）相渗实验中，最好采用稳态法的实验工艺。

（4）同时进行一维和二维核磁共振实验时，可以二维核磁共振实验所确定的有效孔隙度和束缚水饱和度（黏土束缚水和毛细管束缚水之和）刻度一维核磁共振实验确定的相应值，优选确定对应的截止值。

第二节　测井采集系列设计

低饱和度油层的测井系列设计应做到该测的一定要测、不该测的一定不测，并且同一区块的测井系列基本相同以便于对比分析。针对不同成因类型的低饱和度油层评价特有需求，设计个性化的测井采集系列。测井采集项目优选原则如下：

（1）按照"适用、经济、先进、高效"的原则，根据不同的勘探开发阶段，结合地质特征、油气藏特征与井筒条件，优选测井项目。

（2）为取全取准测井资料，优选高性能、高精度、高时效的井下仪器、采集参数与测量模式。

（3）满足"四性"关系评价的需求。

（4）大斜度井和水平井采用过钻杆测井方式且其测井项目与资料精度与电缆测井一致。

为此，提出低饱和度油层的测井采集系列设计，见表 7-2-1。

表 7-2-1　低饱和度油层测井采集系列设计

	测井项目	测井目的
必测	自然伽马或自然伽马能谱	"四性"关系分析
	自然电位	
	双侧向或/和双感应，或阵列感应/阵列侧向	
	高精度补偿密度	
	补偿中子	
	高精度声波时差	
加测	一维核磁共振	孔隙度、束缚水饱和度、渗透率等计算以及孔隙结构评价
	二维核磁共振	不同类型流体识别及其饱和度计算，储层孔隙结构评价
	元素全谱	岩性识别、矿物含量计算、含油饱和度计算、总有机碳含量计算
	介电扫描	含水孔隙度、饱和度计算，流体识别，估算地层水矿化度
	电缆地层动态测试	流体识别、储层流度计算

上述测井采集设计方案实施过程中，应注意：

（1）电阻率小于 $200\Omega\cdot m$ 的地层，应测量阵列感应测井，开发井可用双感应测井；电阻率大于 $200\Omega\cdot m$ 的地层，应测量阵列侧向或双侧向测井。

（2）孔隙度小于 12% 的地层，所用密度测井仪测量精度不应低于 $\pm0.02g/cm^3$。

（3）低孔低渗复杂孔隙结构储层加测核磁共振测井，其采集参数为回波串数 3000、叠加次数 50，测速不应高于 100m/h，回波间隔不应大于 0.3ms；同时，井筒内钻井液矿化度不能太高（一般小于 40000mg/L），且无铁磁物质，井壁状况规则良好。

（4）如钻井液侵入严重，为评价储层侵入特征、井旁饱和度分布并识别流体类型，应及时进行测井并开展电阻率时间推移测井。

第三节 关键成像测井技术适用性评价

考虑到低饱和度油层评价的复杂性，常规测井系列不足以对其进行精细解释以充分满足科研与生产的技术需求，为此，应优选一些行之有效的成像测井技术，如表 7-2-1 中所列出的二维核磁共振测井、介电扫描测井和元素全谱测井等，下面着重简述这三种成像测井新技术的适用性。

一、二维核磁共振测井

二维核磁共振测井（如已规模推广应用的斯伦贝谢公司 CMR-NG）测量地层中氢核的自旋回波极化和衰减信号，提供与岩石矿物骨架几乎无关的孔隙度、孔径分布、黏土束缚水、毛细管束缚流体、可动流体和渗透性等信息，是低饱和度油层评价十分重要的技术。

1. 采集参数设计

CMR-NG 回波间隔为 0.2ms，重新设计和优化了测量序列，新的测量序列有 6 种不同的测量等待时间（WT）（表 7-3-1），测量序列的回波个数和重复测量次数也根据不同的等待时间进行了优化，从而增强了对微小尺度孔隙的测量精度，这对低孔低渗低饱和度油层十分有益。采用 6 组不同等待时间的核磁共振脉冲序列，并对测量的回波串组进行数据反演处理，解析得到地层各深度点的纵向弛豫时间分布谱（T_1 谱）、横向弛豫时间分布谱（T_2 谱）和 T_1-T_2 二维图，如图 7-3-1 所示。

表 7-3-1 CMR-NG 采用的测量序列参数

采集参数	T_1-T_2 采集序列
等待时间 WT（s）	2, 0.3, 0.05, 0.01, 0.003, 0.0012
回波间隔（ms）	0.2, 0.2, 0.2, 0.2, 0.28, 0.28
回波串个数 NECH	1800, 600, 100, 50, 20, 20
重复次数 rep	1, 2, 10, 30, 50, 50
采样率（in）	7.5

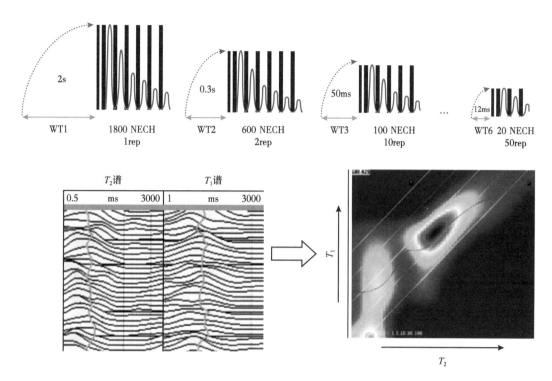

图 7-3-1 CMR-NG T_1 和 T_2 测井数据采集和处理成果

为更好地获取氢核信息，做好针对性的采集设计，以满足两个基本条件：一是尽可能极化地层中所有的氢核，二是能够探测到氢核的弛豫信号。由于不同成因低饱和度油层的孔隙尺寸和孔隙结构存在较大差异，所需采集参数不尽相同，因此，应深入开展测前设计，即通过分析储层特征、流体类型、地层结构（薄互层等）、地层有效极化率、钻井液矿化度、地层电阻率及测井安全性等因素优选测井采集参数。

对于孔隙尺寸较大的常规储层，体积弛豫现象较强，应设计较长的等待时间将其完全极化，并设计足够长测量时间，以尽可能地记录完整的弛豫信号。因此，测量参数中应降低测井速度，增加回波串个数。水基钻井液井筒环境下，对于孔隙度大于 15% 的地层，推荐测速小于 120m/h，回波串个数 3000，短测量模式回波串个数 30，重复次数 30，可选用较大的回波间隔。

对于孔隙尺寸较小且孔隙结构复杂的低孔渗储层，需要同时考虑大、小孔隙的充分极化。小孔隙的测量与回波间隔有关。回波间隔越短，能够探测的孔隙越小。通过重复测量、叠加处理来提供小孔隙的探测精度。致密储层推荐测速小于 80m/h，回波串个数为 3000，短测量模式回波串个数 30，重复次数 50，选用较小的回波间隔，如 T_E 不大于 0.2ms。

2. 井筒条件要求

为取得高质量的核磁共振测井资料，井筒条件要求如下：

（1）井眼较规则。核磁共振测井的探测深度较浅（一般小于 10cm），扩径较严重时，测量的主要是钻井液信号。

（2）井筒中不含顺磁性物质。井筒中存在的铁屑等顺磁性物质，会吸附在核磁共振测井仪的永久磁铁上，引起磁场的变化，严重影响核磁共振信号的测量。

（3）钻井液矿化度较低。当钻井液矿化度较高时，将增加测量信号的衰减程度，明显降低天线增益，降低地层信号的测量，影响资料质量。当钻井液矿化度高于仪器正常工作极限值时，仪器自动停止工作。当钻井液电阻率小于 $0.033\Omega \cdot m$ 时，采用应急测量模式（Emergency Mode）且在孔隙度较大的储层中，测量资料的信噪比可接受，CMR-Plus 曾在钻井液电阻率 $0.018\Omega \cdot m$ 的条件下成功测量。

（4）侵入作用较弱，即要求尽可能及时测井，并降低钻井液液柱压力与地层孔隙压力之差。当侵入作用较强时，由于核磁共振测井探测深度较浅，其识别的流体类型可能存在低解释现象。

二、介电扫描测井

介电扫描测井（ADT）可以连续测量地层的介电频散（介电常数随频率变化而变化的物理现象）。ADT 应用四种工作频率（20MHz、100MHz、200MHz 和 960MHz）的电磁波，可探测横向与纵向两种极化方向的介电频散。ADT 测量的高分辨率（纵向分辨率为 1in）频散数据经径向解释模型处理得到相应频率下的地层介电常数和电导率，基于选用的饱和度解释模型，可确定含水孔隙度（在总孔隙度已知情况可提供含水饱和度）、混合液矿化度、碳酸盐岩岩电参数和砂泥岩储层的阳离子交换量（CEC）等地层信息。在油基钻井液条件下，或钻井液侵入作用弱时，计算的混合液矿化度可等同于地层水矿化度。

ADT 克服了传统介电测井单频测量的限制，并在解释过程中考虑了岩石结构、钻井液侵入和未知矿化度或变矿化度地层水的影响。测量过程中，同时测取井筒的温度、压力以及滤饼介电常数和电导率，以此进行测量环境校正。

1. ADT 主要用途

（1）直接测量冲洗带地层的含水总孔隙度。

（2）与地层总孔隙度相结合识别油气层、计算饱和度。

（3）识别低饱和度油气层。

（4）识别薄层油气层。

（5）估算碎屑岩地层水矿化度。

（6）估算碳酸盐岩岩电参数 m、n。

（7）确定碎屑岩地层的阳离子交换能力。

2. ADT 影响因素

ADT 采集资料质量与处理解释质量的主要影响因素有井眼条件、骨架介电常数、地层总孔隙度、地层水电阻率、地层温度、钻井液侵入和饱和度反演模型等，其中，骨架介电常数、地层水电阻率和饱和度反演模型等三个因素已在第六章论述，下面在论述其余四种因素对资料采集与反演处理的影响基础上，做好针对性的测井设计并提出有关技术要求。

1）准备良好的井眼条件

ADT 的探测深度浅，介于 2.5~10cm（不同工作频率的测量模式、探测深度有所不同），良好的井眼条件可以保证仪器的探测极板与井壁贴靠，减少钻井液的分流作用，保证测量信号主要来自地层，提高采集测量数据的质量。

图7-3-2为鄂尔多斯盆地彭阳地区井眼扩径的ADT采集资料影响分析，2060~2080m、2090~2118m深度段上对应井眼垮塌处，不同工作频率的ADT资料均受到影响，尤其是F3（工作频率为960MHz）数据质量最差，几乎不可用。

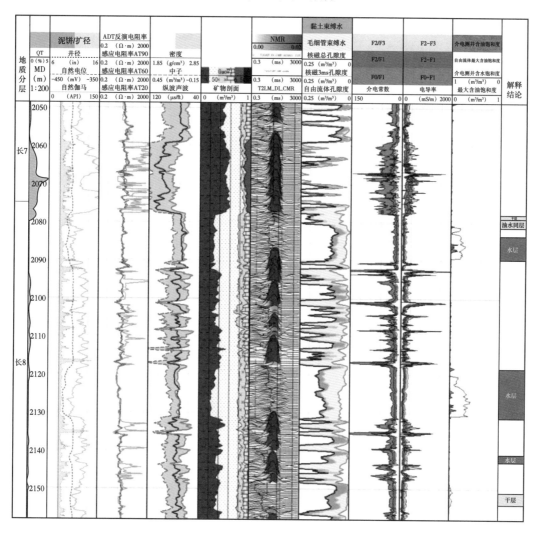

图7-3-2　井壁垮塌对ADT采集资料质量的影响（MENG19井）

2）准确计算地层总孔隙度

总孔隙度对处理结果影响较大，以骨架相对介电常数4.65、总孔隙度10%、原始含水饱和度60%的地层为例，如图7-3-3所示，在其他条件不变的情况下，总孔隙度变为7.5%，含水饱和度将增加到76%；总孔隙度变为12.5%，含水饱和度将降低为51%。因此，测井设计中，要求采用高精度密度并以变骨架参数的方法计算总孔隙度，甚至配套测井元素全谱测井和核磁共振测井，准确确定地层矿物含量、骨架介电常数与计算总孔隙度。

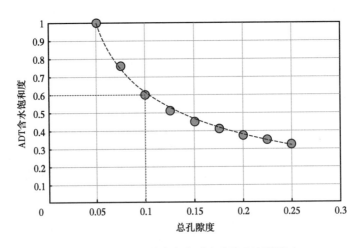

图 7-3-3　总孔隙度变化对含水饱和度的影响

模拟参数：砂岩，孔隙度 10%，骨架相对介电常数为 4.65，含水饱和度 60%，钻井液矿化度 7000mg/L

3）测准地层温度

图 7-3-4 以纯水为例展示了温度对相对介电常数的影响。热振动使分子沿电场方向的排列变弱，因此，水的相对介电常数随温度增加而降低。在介电扫描测井频率范围内，温度对水的相对介电常数影响较大，温度从 25℃ 增至 125℃ 时，相对介电常数则从 79 降低至 50，变化幅度接近 40%。不同频率受温度影响的变化规律基本相同。因此，ADT 测井配套的温度测井非常重要。

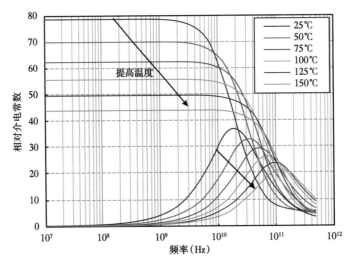

图 7-3-4　温度对相对介电常数的影响

模拟参数：纯水，上部为相对介电常数（即实部），下部为介电损失（即虚部）

4）钻井液侵入

钻井液侵入作用主要受侵入深度及钻井液矿化度两种因素控制。ADT 高频探测深度浅，受侵入深度影响大；低频探测深度深，受侵入深度影响小。图 7-3-5 展示了钻井液矿化度对介电常数的影响。当矿化度增加时，更多的离子被水分子水合（包围），丧失了沿电场方向的取向排列的自由，这种局部极化作用导致相对介电常数减小。钻井液的相对介电常数受其矿化度的影响较强，矿化度从 10000mg/L 增加到 100000mg/L 时，相对介电常数从 77 下降到 60。在进行介电扫描数据反演时，要选择符合实际情况的钻井液矿化度。

为此，测井设计中应考虑：

（1）配套阵列感应（或阵列侧向）测井，以此开展电阻率正演处理，确定钻井液侵入深度。侵入严重时，冲洗带半径可达 25in，侵入带半径则达 35in。

（2）测准钻井液地面电阻率，并将其转换至地层条件下的电阻率值。

（3）确定地层水电阻率，可配套测好自然电位测井，或者采用试油试采资料，或者借用邻井资料。

（4）根据侵入深度，计算混合液电阻率。ADT 探测深度为 1~4in（2.5~10cm），探测冲洗带的信息，侵入深度大于 10cm 时，无法探测到原状地层的信息。通过对 MENG53 井长 8 进行 3DPV 电阻率正演，确定钻井液径向侵入半径为 25in，过流带半径为 35in。

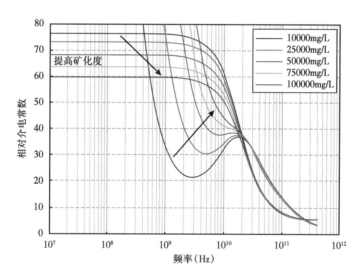

图 7-3-5　钻井液矿化度对相对介电常数的影响

模拟参数：盐水，上部为相对介电常数（即实部），下部为介电损失（即虚部）

统计分析 2011—2017 年长庆油田介电扫描测井的解释情况可知，长 7 段和长 8 段等低渗透储层解释符合率较高，分别为 95% 和 78%；而长 3 段以上以及长 9 段等由于其物性较好，受侵入影响较大，解释符合率偏低，分别为 67% 和 50%。因此，正确地校正侵入作用的影响对提高解释符合率是重要一环。

三、岩性扫描测井

1. 技术优势

岩性扫描测井（litho-scanner）同时测量俘获伽马能谱和非弹性散射伽马能谱，与元素俘获测井相比具有如下技术优势：

（1）可提供更为精确的元素含量和矿物含量，尤其是基于非弹性散射伽马能谱所反演确定的地层镁元素含量而实现方解石和白云石含量的独立计算，且由于获取的硫元素含量精度较高，可准确计算硬石膏含量。

（2）基于非弹性散射伽马能谱可定量独立计算总有机碳含量。

（3）通过对同时测量的伽马时间谱，可反演处理出地层热中子宏观俘获截面Σ，以识别流体类型。西格玛测井反演值为岩性和流体的Σ值相对体积加权平均，如图7-3-6所示，即

$$\Sigma_{\text{log}} = \left(1 - V_{\text{clay}} - \phi_{\text{e}}\right) \cdot \Sigma_{\text{ma}} + \phi_{\text{e}} \cdot \left(1 - S_{\text{w}}\right) \cdot \Sigma_{\text{hc}} + \phi_{\text{e}} \cdot S_{\text{w}} \cdot \Sigma_{\text{w}} + V_{\text{clay}} \Sigma_{\text{clay}}$$

式中 Σ_{log}、Σ_{ma}、Σ_{hc}、Σ_{w}、Σ_{clay}——岩性扫描测量的、骨架的、油气的、地层水的和黏土的热中子宏观俘获截面，c.u.。

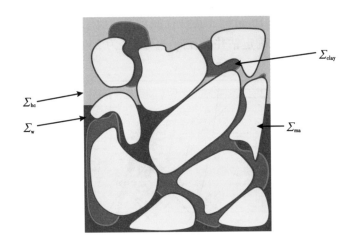

图 7-3-6　热中子俘获截面测量值的组成

2. 测井影响因素

岩性扫描测井的纵向分辨率45cm，探测深度15~20cm。针对上述三方面，岩性扫描测井设计时应注重考虑以下因素。

1）井筒环境

岩性扫描测井适用于各种岩性地层，裸眼井和套管井均可测量。钻井液矿化度高或井眼垮塌严重时，测量数据质量会受到影响，可通过降低测速或多趟叠加提高信噪比。如钻井液矿化度太高，应适当将其降低，提高采集资料的信噪比。

理想情况下，井筒内应为水基钻井液，以减少油基钻井液中的原油对总有机碳含量计算结果的影响。

2）侵入作用

以热中子宏观俘获截面识别流体时，地层水的矿化度越高，油水的热中子宏观俘获截面值的差异越大，识别效果越好，适用于高地层水矿化度（$> 50 \times 10^3$mg/L）地层。但是，当钻井液为淡水且侵入作用较强时，这种方法的应用效果将大打折扣，有可能将油水同层或水层解释为油层。因此，与介电扫描测井设计相同，在以阵列感应或阵列侧向测井反演

出侵入半径后，需结合钻井液电阻率和地层水电阻率，确定混合液电阻率并将其转换成矿化度，以此计算真正反映地层含油性的热中子宏观俘获截面含油指数，提高油层的识别符合率。

3）测量速度

为充分保障岩性扫描测井有足够时间测取完整的俘获伽马能谱和非弹性散射伽马能谱，其测量速度不宜过大，一般小于 500m/h。

第八章　典型实例与应用效果分析

低饱和度油层广泛发育于中国各大含油气盆地，其成因类型多样，储层特征各异，适用的评价方法与标准也不尽相同。本章以松辽盆地北部龙西地区、渤海湾盆地南堡凹陷2号构造带、柴达木盆地风西地区、塔里木盆地轮南地区以及吐哈盆地红台—胜北构造带等区块为实例，论述低饱和度油层评价方法与技术在生产实践中的应用。

第一节　松辽盆地北部龙西地区萨葡夹层低饱和度油层评价

一、地质概况及油藏特征

龙西地区萨尔图油层和葡萄花油层之间的一段地层，习惯上称为"萨葡夹层"。萨葡夹层位于萨尔图油层下部，紧邻葡萄花油层，以含泥、含钙薄互层为主，含泥质高、物性差、电阻率低，早期一直认为是葡萄花油层较理想的盖层。地层厚度 10~20m，砂岩厚度10m 左右（图 8-1-1）。

萨葡夹层自北向南沉积环境由分流平原—内外前缘—前三角洲逐渐演化，西部为重力流沉积环境，砂岩发育不稳定。TA17、TA285 和 TA 斜 2111 等发现井均证明重力流沉积区具有一定的油气潜力（图 8-1-2）。

萨葡夹层有效孔隙度为 9%~21%（平均 15.2%），空气渗透率为 0.1~50mD（平均20.4mD），较萨尔图油层和葡萄花油层略低。

龙西地区萨葡夹层油层电性响应特征复杂，难以建立电阻率的油层识别标准。HA5井 15 号层的电阻率 25Ω·m，试油日产油 8.5t，为电阻率较高的工业油层；而 TA 斜 2111井 34、35 号层的电阻率仅 11Ω·m，试油压后自喷，日产油 66.2t，为电阻率较低的高产工业油层。

萨葡夹层岩心层理发育，以粉砂岩为主，泥质含量较高时电阻率较低。进一步的实验分析表明，低饱和度油层的成因主要为岩性变细、束缚水饱和度变高，且存在一定的黏土附加导电作用。

二、评价方法

针对龙西地区萨葡夹层的低饱和度油层的成因，建立了考虑阳离子交换作用的 W-S含油饱和度模型和考虑束缚水饱和度、含水饱和度的油水层识别定量模型，较好地解决了萨葡夹层油水层识别的难题。

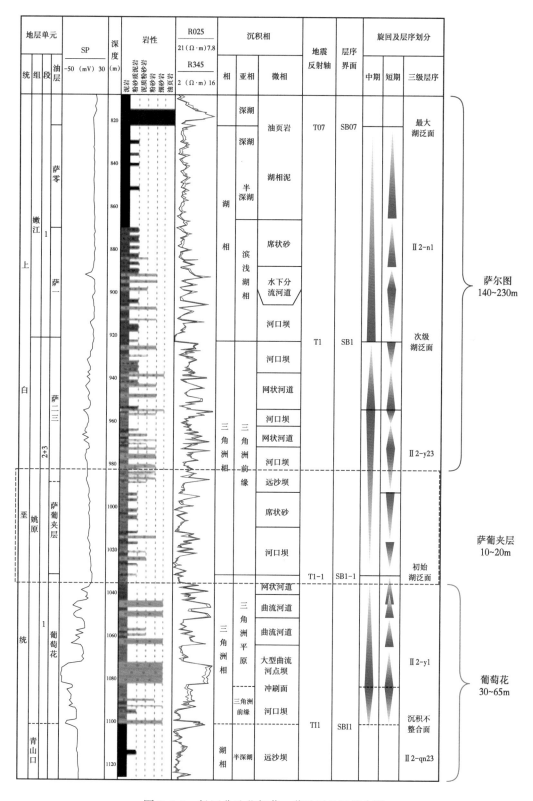

图 8-1-1　松辽盆地北部萨、葡油层地层综合图

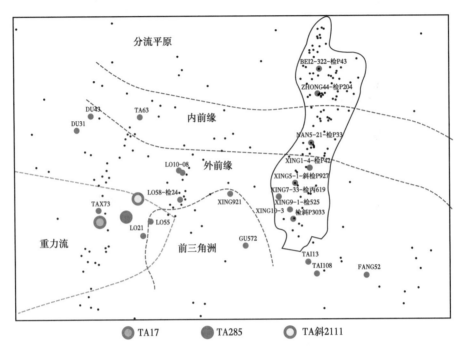

图 8-1-2　大庆长垣及以西地区萨葡夹层沉积相及发现井分布图

1. 束缚水饱和度计算

以密闭取心、核磁共振和相渗等实验所确定的束缚水饱和度为基础（图 8-1-3），建立的束缚水饱和度模型为

$$S_{wi} = 21.427 RQI^{-0.387} \qquad (8\text{-}1\text{-}1)$$

式中　RQI——储层品质因子 $\sqrt{\dfrac{K}{\phi}}$ 。

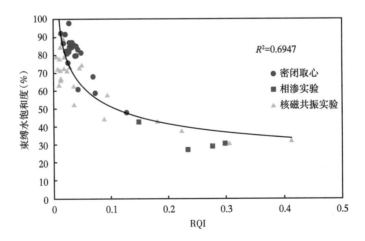

图 8-1-3　龙西地区萨葡夹层束缚水饱和度与 RQI 关系图

2. 相渗透率计算

1）水相渗透率

水相渗透率计算采用李克文模型，即

$$K_{\mathrm{rw}} = \frac{K_{\mathrm{rw}}^{*}\left(S_{\mathrm{w}}^{*\,n_{\mathrm{w}}} + aS_{\mathrm{w}}^{*}\right)}{1+a}$$

（8-1-2）

其中

$$S_{\mathrm{w}}^{*} = \frac{S_{\mathrm{w}} - S_{\mathrm{wi}}}{1 - S_{\mathrm{wi}} - S_{\mathrm{or}}}$$

（8-1-3）

式中　K_{rw}^{*}——残余油饱和度下的水相相对渗透率。

利用萨葡夹层 6 块岩样的稳态相渗实验数据，分别建立参数 n_{w}、a 的计算公式：

$$n_{\mathrm{w}} = 0.08563\phi^{1.1676} + 0.8756K^{0.0944} - 0.6255$$

（8-1-4）

$$a = 0.1398K^{0.4246}$$

（8-1-5）

2）油相渗透率

针对研究区葡萄花、萨尔图油层的油相相对渗透率计算模型，同样选取在本研究区中计算精度较高的李克文模型，其油相相对渗透率计算公式为

$$K_{\mathrm{ro}} = \frac{K_{\mathrm{ro}}^{*}\left[\left(1 - S_{\mathrm{w}}^{*}\right)^{n_{\mathrm{o}}} + b\left(1 - S_{\mathrm{w}}^{*}\right)\right]}{1+b}$$

（8-1-6）

式中　K_{ro}——油相相对渗透率；

　　　K_{ro}^{*}——束缚水饱和度下的油相相对渗透率。

同理，利用萨葡夹层 6 块岩样的稳态相渗实验数据，分别建立参数 n_{o}、b 的计算公式：

$$n_{\mathrm{o}} = -0.1801\phi^{0.7181} + 3.502K^{0.1193} + 0.2909$$

（8-1-7）

$$b = -7.768\phi^{-1.615} + 0.3922K^{-0.273} + 0.01150$$

（8-1-8）

3. 油水层识别方法

优选反映储层含油性的含油饱和度参数、反映储层物性的束缚水饱和度参数，应用龙西地区萨葡夹层 23 口井 43 个层的试油资料，研制了龙西地区萨葡夹层油水层识别图版，图版精度 93.0%，满足了龙西地区油水层识别的需要（图 8-1-4）。

三、应用效果

2018 年，龙西地区萨葡夹层预探井、评价井测井解释符合率仅 66.7%。2019—2020 年，应用上述方法解释龙西地区萨葡夹层预探井、评价井，共试油 12 口井 29 层，综合解释符合率 82.8%。

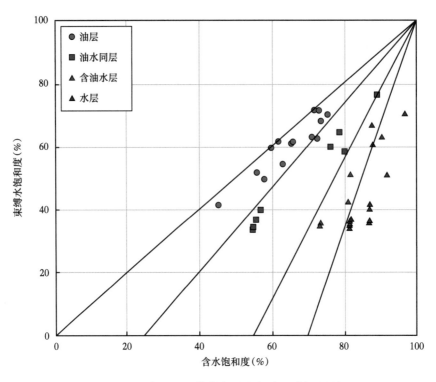

图 8-1-4　龙西地区萨葡夹层油水层识别定量图版

2016—2021 年，在龙西、杏西地区开展 2000 余口井的新井解释及老井复查工作，提出试油建议 60 口井，实施试油施工 20 口井，有 15 口井获得工业油流。通过对龙西、杏西地区开展老井复查工作，摸清了石油资源量，为井位部署提供了重要的技术支持，扩大了含油面积。

第二节　鄂尔多斯盆地环西—彭阳地区延长组长 8 段低饱和度油层评价

一、地质概况及油藏特征

环西—彭阳地区位于盆地西南部，横跨天环坳陷和西缘冲断带，远离盆地生烃中心，构造低，成藏复杂，被长期认为不利于规模聚集成藏。该区长 8 段发育三角洲平原相沉积，多期分流河道纵向叠置，单砂体厚度 5~20m，累计厚度达 25~30m，分布稳定。三角洲平原分流河道砂体储集条件较好，长 8 段储层的平均孔隙度为 13.5%，平均渗透率为 3.61mD，其中大于 1mD 但小于 10mD 的储层占 65.4%，属于低孔低渗储层。

早白垩世中晚期石油生烃达到高峰，彭阳地区处于构造高部位，有利于运聚富集成藏。彭阳地区主要发育低饱和度油层，局部富集高产，流体性质变化大，地面原油密度为 0.79~0.94g/cm³，黏为 2.42~24.93mPa·s，局部发育高黏度油藏。

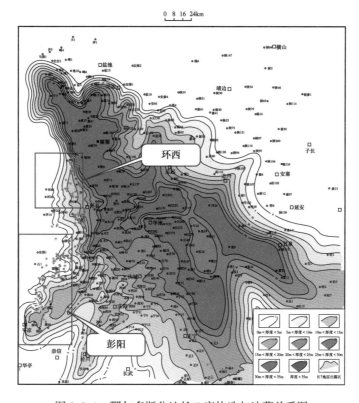

图 8-2-1　鄂尔多斯盆地长 7 底构造与油藏关系图

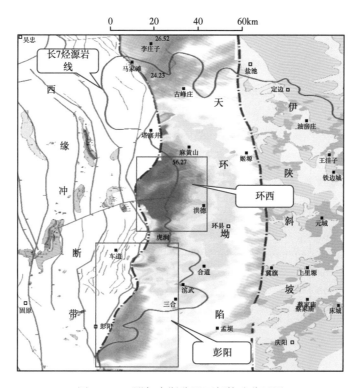

图 8-2-2　鄂尔多斯盆地西部构造分区图

二、低饱和度油层评价

环西—彭阳地区远离盆地生烃中心，油藏充注程度低，地层水矿化度高且变化较大，发育低饱和度油层，油层电阻率低，与水层差异小，常规测井识别困难。储层岩性细、黏土矿物含量高和复杂孔隙结构导致束缚水饱和度含量高，核磁共振 T_2 谱形态均表现为双峰形态，束缚水饱和度主要分布在 40%~70% 之间，试油及试采主要以油水同出为主。

针对鄂尔多斯盆地西部低饱和度油层测井评价难题，在梳理复杂电性主控因素的基础上，基于油层特征构建了测录井敏感参数，引入非电阻率测井新技术（核磁共振测井和介电扫描测井），创新形成了以"核磁共振＋介电扫描"测井为核心的流体综合判识技术。在流体识别的基础上，通过稳态法相渗岩石物理实验，建立了基于 Sigmoid 函数法和稳态法的低渗透储层含水率计算方法（图 8-2-3、图 8-2-4 和表 8-2-1），形成了环西—彭阳地区长 8 段含水率分级评价方法与标准。根据测井数据准确预测储层含水率，将油水同层细分，有助于确定可产工业油流、具有油田开发价值的低饱和度油层（主要为 I 类油水同层），为滚动勘探的新井部署与油田开发方案调整提供强有力的针对性科学依据，意义重大。

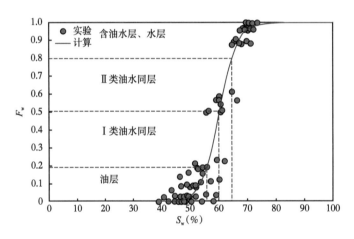

图 8-2-3　环西长 8 含水率计算模型

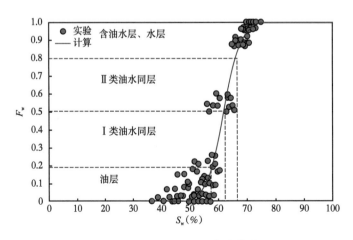

图 8-2-4　彭阳长 8 含水率计算模型

表 8-2-1　环西—彭阳地区长 8 储层含水率分级评价标准

解释结论	含水率（%）	含水饱和度（%）
油层	< 20	< 55
I 类油水同层	20~50	55~60
II 类油水同层	50~80	60~65
含油水层、水层	> 80	> 65

如图 8-2-5 所示，HU42 井测井一次解释为油水同层，采用 Sigmoid 法计算的可动水饱和度为 8.68%，计算的含水率为 2.34%；稳态法计算的可动水饱和度为 4.77%，计算的含水率为 17.63%。两种方法计算的可动水饱和度与含水率均较小，指示储层不含水，二次解释提升解释结论为油层，试油后获 27.12t/d 高产油流，而且试采初期排液后含水率降至 20%，表明基于低饱和度油层评价方法的二次解释正确。

如图 8-2-6 所示，MU173 井一次解释为油水同层，采用 Sigmoid 法计算的可动水饱和度为 8.35%，计算的含水率为 41.58%；稳态法计算的可动水饱和度为 9.92%，计算的含水率为 30.64%。二次解释为一类油水同层，试油获得 13.0t/d 工业油流，产水 $4.2m^3/d$，含水率 24.4%，试采含水率 50%，与二次解释结论一致。

三、应用效果

1. 新井解释符合率

通过近四年的技术攻关，建立了鄂尔多斯盆地西部长 8 段低饱和度油层识别与评价方法，测井解释符合率大幅提高，2018—2020 年环西—彭阳地区甩开井完试层 128 层，56 层获工业油流，98 层解释符合，测井解释符合率 76.6%，较攻关前提高 18.6%，成功解释一批隐蔽性油藏，保障了勘探发现。

2. 老井复查

针对开发老区，立足老区扩边、老区新层和浅层低阻油藏发现，选择具勘探发现意义、储量规模较大的目标，持续开展油藏精细复查，充分挖掘老区潜力。彭阳地区长 8 油藏二次改造，原油黏度大，应用核磁共振移谱定量判别法、电阻率侵入特征分析法、测录井联合解释等方法开展低饱和度油层识别，加强多井对比和精细油藏分析，深入开展老井复查，挖掘老井潜力层，共复查彭阳地区探评井、开发的老井 63 口，优选探评井 7 口、开发井 8 口，并建议试油，已实施的一口老井试油获工业油流。

3. 增储上产

在彭阳地区低饱和度油层测井识别的基础上，结合烃源岩、低幅度构造及砂体发育特征，2020 年 MENG20 井区长 8_1 新增探明地质储量 $1304.84×10^4t$，2021 年 ME52 井区长 8 新增石油预测储量 $2×10^8t$，落实有利含油面积 $445km^2$，开拓了天环坳陷南段复杂构造区勘探的新局面。

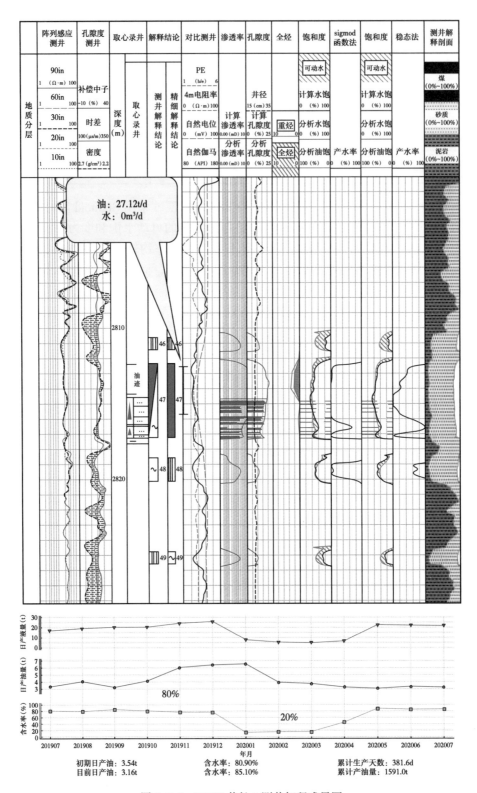

图 8-2-5　HU42 井长 8 测井解释成果图

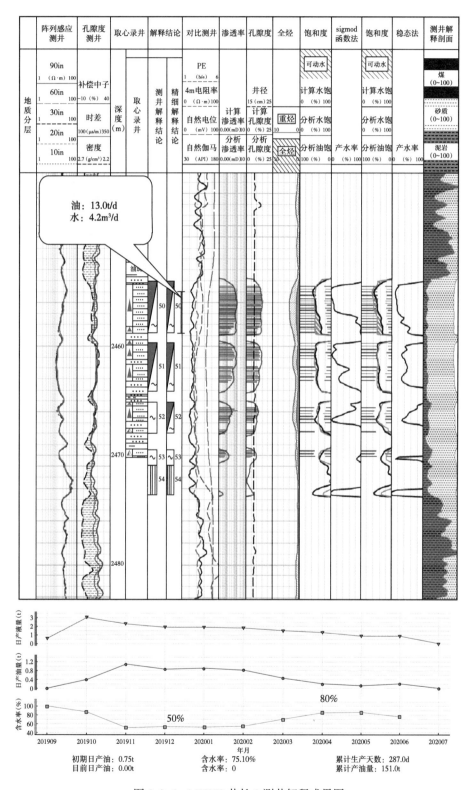

图 8-2-6　MU173 井长 8 测井解释成果图

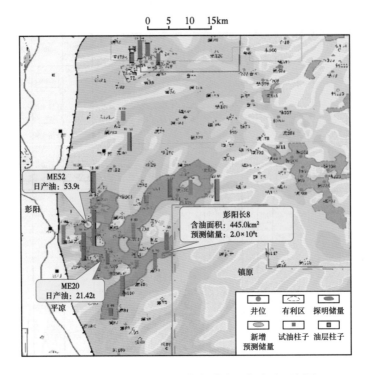

图 8-2-7　彭阳地区 2021 年新井发现与含油面积图

第三节　柴达木盆地风西地区干柴沟组 N_1-N_2^1 低饱和度油层评价

一、地质概况及油藏特征

风西构造是柴达木盆地西部坳陷区大风山构造带西段的一个三级构造，整体为风北、风南断层夹持的较完整的背斜构造，从浅到深均表现为柴西北区典型两断夹一隆构造特征，构造走向为北西西向。湖相碳酸盐岩储层沿构造长轴方向延伸稳定。

风西地区 N_1-N_2^1 油藏为一构造背景上的岩性油藏，受整个柴西北区沉积环境控制，岩性较细，孔隙以溶蚀孔和晶间孔为主，N_1 油藏发育灰云岩、藻灰岩＋灰云岩优势储层；N_2^1 油藏有利储层以藻灰岩＋灰云岩、灰云岩为主，横向稳定分布。油藏纵向分布井段长（2750~4520m），油藏中深 3483m，单井油层累计厚度较大（34m），单油层厚度薄（0.6~7.1m），油层、水层间互且以油水同层为主，无统一的油水界面；构造高部位油层厚度相对较大，平面上单油层分布受岩性控制明显，整体叠置连片。N_1 油藏中下部源控较为明显，N_2^1 储层和构造控制较为明显。通过对构造、岩性、物性、烃源岩分布、藻灰岩分布的研究，认为 N_1-N_2^1 油藏分布受多重因素控制，主要受纵向优质源储配置影响，构造及断裂展布影响局部高产，整体表现为构造背景上的源内岩性油藏。油藏油水分异不明显，试油及试采证实该区构造高、中、低部位油井生产多为油水同出，少数纯油层，与柴西北区其他油藏特征相似，为低饱和度油层。

二、低饱和度油层评价

风西地区 N_1-N_2^1 油藏是以碳酸盐岩为主的浅湖相混合沉积，岩性复杂，储层矿物组分多样，混积特征明显，储层纵向上岩性变化快，且薄互层发育，常规曲线识别岩性困难，优势岩性及岩相不明确；储层物性差，裂缝不发育，岩性复杂导致储层孔隙结构复杂，各类岩性间孔隙度差异不大，但渗透率相差较大，储层有效性评价困难；受孔隙结构复杂及薄互层发育等因素影响，电阻率响应特征复杂，对流体识别敏感性低。试油主要以油水同层为主。

针对风西地区的三大评价难点，以岩石物理分析为基础，加强实验方案设计，开展系统取心井的核磁共振、压汞、岩电等岩石物理实验研究及配套测井采集项目；同时，常规测井与岩性扫描、核磁共振、电成像等测井新技术相结合，开展岩性识别及岩相研究，建立矿物成分与岩石结构相结合的岩相划分方法及标准；在岩性识别的基础上，利用核磁共振测井精细评价孔隙结构，建立融合岩相和孔隙结构相的储层评价方法与分类标准；在流体识别方面，在明确低饱和度成因的基础上，分层位建立储层电法与非电法流体识别图版，同时建立束缚水饱和度、含水饱和度和含水率等参数的定量计算模型，以及含水率分级评级标准及自然产能、压裂产能预测标准，更好地指导生产过程中的试油层段优选。

F10 井位于风西构造向西倾末端，北邻尖顶山油田，西为南翼山油田。图 8-3-1 为 F10 井 E_3^2-Ⅰ-4 小层，由图 8-3-1（a）可知，岩性为藻灰岩＋灰云岩，自然伽马值低，自然电位平直，声波时差值 173μs/m，密度 2.663g/cm³，中子孔隙度 5.4%，深侧向电阻率 17.1Ω·m，成像结构为块状结构，T_2 谱靠后，核磁共振总孔隙度 6.8%，有效孔隙度 6.7%，可动孔隙度 3.8%，全烃为基值，录井无显示；在二维核磁共振谱 T_1-T_2 图上［图 8-3-1（b）］，可动油信号和毛细管束缚水信号明显，可动油信号强度更高，有效储层分类图版［图 8-3-1（c）］落在Ⅰ类区，位于流体识别图版［图 8-3-1（d）］的油水同层区，因此综合解释为Ⅰ类油水同层层，并建议试油。压后 ϕ3mm 油嘴放喷，最高日产油 16.02m³，首次在风西地区 E_3^2 获得工业油流，纵向证实含油层系由 N_1-N_2^1 扩展至 E_3^2，平面上含油面积增大，为勘探向西、向北扩展奠定了基础。

柴西北区以湖相沉积为主，南翼山、小梁山等地区与风西地区相似，均为复杂混积岩储层，风西研究成果可以推广应用到柴西北湖相混积岩油藏。图 8-3-2 为梁 7 井 E_3^2-Ⅱ-1+2 小层，岩性为灰云岩，Ⅰ类碳酸盐岩相。自然伽马低值，自然电位负异常，声波时差分别为 201μs/m、185μs/m，岩性密度分别为 2.613g/cm³、2.669g/cm³，深感应电阻率为 4.6Ω·m、9.5Ω·m，成像结构以块状、层状结构为主，核磁共振总孔隙度分别为 14.4%、10.3%，有效孔隙度分别为 10.5%、7.5%，可动孔隙度分别为 4.1%、3.3%，CMR-NG 流体识别图版具有油信号，有效储层分类图版落在Ⅰ类区，流体识别图版落在油水同层区，全烃最高值为 31.4%，甲烷最高值为 11.6%，地化游离烃最高为 1.122mg/g、热解烃最高为 5.729mg/g，4131.0~4136.0m 槽面少量针孔状气泡；综合解释为油水同层并建议试油。2021 年 3 月 12 日射孔后，抽汲排液，最高日产油 1.14m³，4 月 1 日压裂，泵入总液量 600.20m³，净液量 547.20m³，共加砂 53.00m³，平均砂比 20.33%。2 日至 4 日 2mm 油嘴放喷，油压 38MPa，套压 16MPa，日产油 12.06m³，出口天然气可点燃，焰高 0.5~2.0m。ϕ4mm 油嘴放喷，日产油 38.26m³，日产气 2350m³，累计产油 225.66m³，累计产气 14870m³。梁 7 井首次在小梁山构造深层获得工业油气流，实现该构造中深层突破，

证实了 $E_3^2-N_1$ 具有较好的含油气性，纵向发现了新的含油层系，实现了油藏的向西扩展，展现了柴西北区 $E_3^2-N_2^2$ 纵向多层系、平面大面积含油的勘探前景。

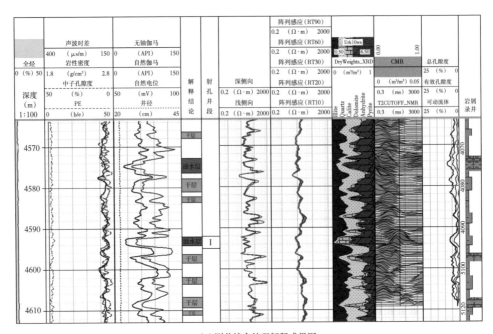

(a) 测井综合处理解释成果图

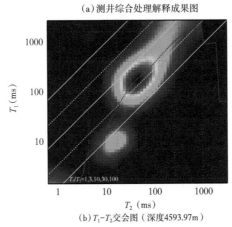

(b) T_1-T_2 交会图（深度 4593.97m）

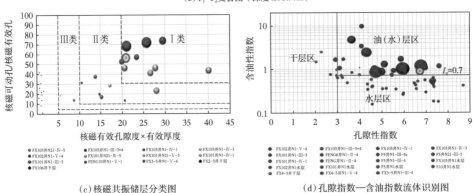

(c) 核磁共振储层分类图　　　　　(d) 孔隙指数—含油指数流体识别图

图 8-3-1　F10 井 E_3^2-I-4 小层的测井解释成果与流体识别图

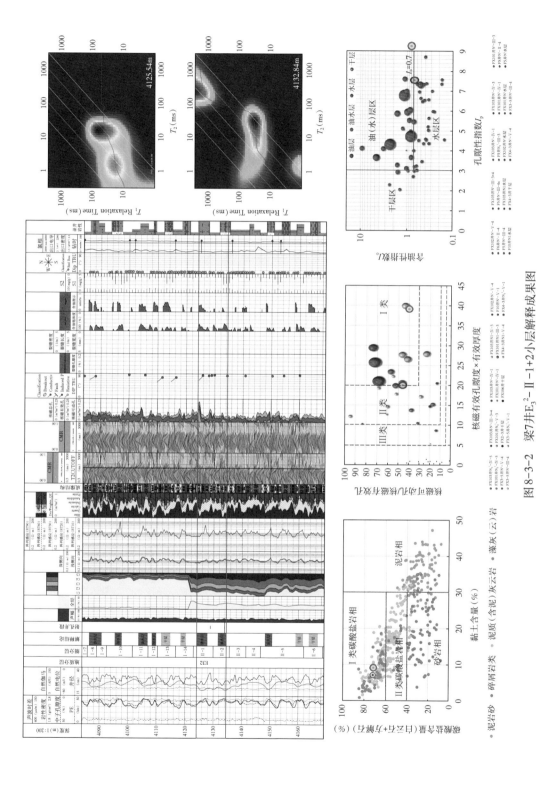

图 8-3-2 梁7井E₃²-Ⅱ-1+2小层解释成果图

三、应用效果

2020年风西地区勘探开发一体化推进，以落实主力层平面分布特征、评价潜力层产能、实现整体突破为目标，优选了试油层位，测井解释符合率82.8%，同时利用研究成果精确计算储层参数，有力支撑了风西地区F3区块5102×10⁴t控制石油地质储量的上报。

2021年应用攻关成果对未试层进行复查解释并提出试油建议，避免了5个低显示层的无效试油，节约试油成本600万元，支撑了油田降本增效。

通过研究明确了风西地区油气纵向富集段及平面"甜点"区域，为水平井部署提供了依据，同时根据常规资料确定矿物组分及孔隙度分量，对2021年5口水平井进行分类评价，差异化设计不同类储层压裂规模，确保了水平段整体压裂效果，目前5口水平井日产油93.4m³，取得较好效果，有力支撑了2021年风西地区F3区块N_2^1 Ⅲ油组1574×10⁴t探明石油地质储量的提交。

第四节　渤海湾盆地南堡凹陷古近系低饱和度油层评价

一、地质概况及油藏特征

南堡2号构造位于南堡凹陷南部，储层层内、层间非均质性强、油水关系复杂，发育低含油饱和度油层。研究区处于大型斜坡地质背景，构造幅度较低，同时受辫状河三角洲沉积影响，水下分流河道末端、侧翼或河口坝等储集砂体岩性、微观孔隙复杂，导致油水分异差。受构造样式与沉降速率控制，储层粒度粗细不均、分选性差，层间、层内非均质性强、孔隙结构复杂，致使储层束缚水含量高，试油投产情况差异较大。

南堡凹陷古近系低饱和度油层测井评价主要评价难点有三点：

（1）成因复杂，成因机制、岩石物理表征参数优选及计算难度大。

（2）含水率较高，含油体积较小，油层、水层和油水同层的电性及核磁共振测井信息对比度低。

（3）储层岩性复杂，孔隙结构复杂，建立针对性的含油饱和度和束缚水饱和度计算模型难度大。

二、低饱和度油层评价

应用前述的岩石物理相储层分类方法，NP43-4976井的132、134、135层为PF3相（图8-4-1），以攻关前建立的自然伽马指数ΔGR与视地层水电阻率比值$R_{wa}(R_t)/R_{wa}(SP)$（电阻率曲线计算的与自然电位计算的视地层水电阻率比值）流体识别图版（图8-4-2）及2019年建立的基于相控法的流体识别图版（图8-4-3）均解释为油层。2020年，采用低饱和度油层的关键参数计算方法，计算3个层的束缚水饱和度分别为48%、53%、50%，含油饱和度分别为51%、41%、40%，含水率分别为51%、67%、60%，含油体积分别为5.4%、6.1%、6.9%，以含油体积与含水率建立的油水同层细分图版（图8-4-4）解释为Ⅱ类油水同层。132层与135层合试，获日产油2.66m³，含水85%，分级分类评价结论与试油结果相符。

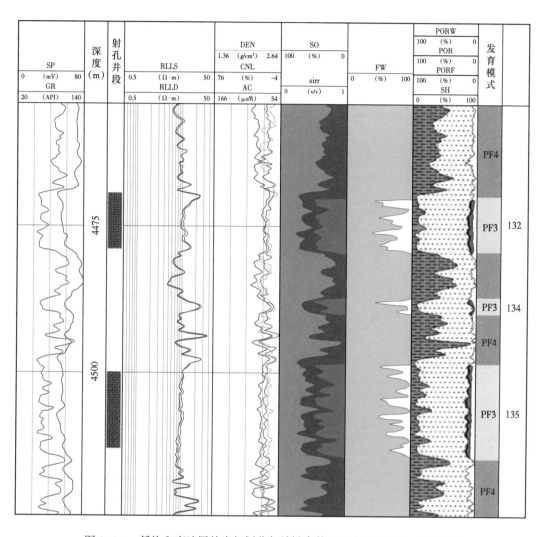

图 8-4-1　低饱和度油层的岩相划分与关键参数处理成果（NP43-4976 井）

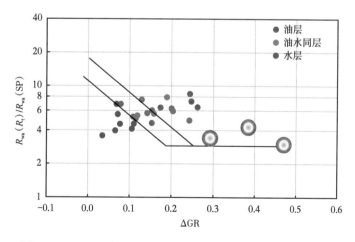

图 8-4-2　ΔGR—视地层水电阻率比值流体识别图版（攻关前）

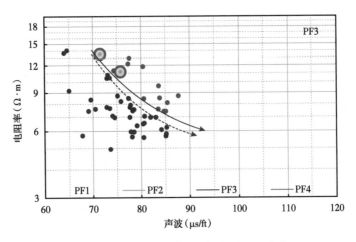

图 8-4-3　相控法流体识别图版（2019 年）

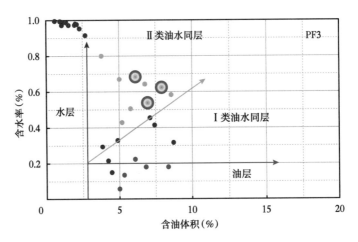

图 8-4-4　油水同层细分的流体识别图版

三、应用效果

低饱和度油层测井评价技术在渤海湾盆地南堡凹陷应用于 4 个区块共计 35 井次（1号构造 5 井、2 号构造应用井数 13 井、3 号构造 6 井、4 号构造 11 井），解释符合率从攻关前 72% 提高至 85.7%（2019 年 80%、2020 年 83.3%、2021 年 85.7%），新发现的油气层 53 层 / 总厚度 161.5m，三级储量的贡献 378.22×10⁴t[2019 年（882.55×22.68%）×10⁴t，2021 年（757.69×23.5%）×10⁴t]。将建立的低饱和度油层评价技术应用于 4 个区块共计 138井（1 号构造 20 井、2 号构造 22 井、3 号构造 24 井、4 号构造 72 井）的老井复查，三级储量贡献 119.49×10⁴t[2019 年（592.5×10.3%）×10⁴t，2021 年（302.6×19.32%）×10⁴t]，增油约 3.19×10⁴t。

低饱和度油层测井评价技术推广应用于渤海湾盆地饶阳凹陷蠡县地区开展饶阳凹陷赵皇庄、淀南、蠡县斜坡、肃宁—大王庄等多个区块 101 口井老井复查，基于复查解释成果，试油实施 15 口井，符合率 81.3%，有力支持了 2020 年蠡县斜坡成为 5000 万吨级整装规模储量区。与此同时，老井复查成果支撑新井部署，XL25x、BO11x、LN72x、LN98、LN99x、LN92x、LN521x、LN721x、LU88x、和 LU89 等 14 口井试油成功，其中 7 口获 15m³ 以上高产工业油流，有力地推动了 LN201 井区等区块快速成功建产。

第五节　吐哈盆地红台—胜北构造带侏罗系三工河组低饱和度油层评价

一、地质概况及油藏特征

吐哈盆地自 2004 年在火 8 井下侏罗统三工河组首次发现低饱和油藏以来，低饱和油藏的勘探屡有突破，其中 2013 年红台 2301 井在西山窑组进行体积压裂试油后获日产油 58.97m³、日产水 13.83m³ 的商业油流，发现了红台构造带西山窑组低饱和度油层，揭示了千万吨以上的储量规模，展示了低饱和度油层的广阔油气勘探前景。

红台构造带受工区内发育的近东西向和南北向两组断裂系统呈"Z"字形切割，形成包含红台 2 号鼻隆、红台 1 号鼻隆和红台 3 号鼻隆等 3 个大型构造的构造带。西山窑组低饱和油层主要分布在红台 3 号和红台 2 号鼻隆上，红台 3 号鼻隆中主要分布在红台 23 块整体为被断层复杂化的不规则断背斜圈闭中，红台 2 号鼻隆主要分布在红台 2 块整体为被断层切割为不同块的长轴背斜圈闭中。

西山窑组在盆地内广泛分布，西山窑组地层自下而上可以细分为西一、二、三、四段地层：西山窑组一段（J_2x_1）岩性由灰色细砂岩、含砾砂岩及灰色泥岩组成，与下伏三工河组地层均呈整合接触；西山窑组二段（J_2x_2）岩性由浅灰色细砂岩、粉砂岩、灰黑色泥岩、碳质泥岩及厚层状的煤层组成；本段发育巨厚煤系地层，是吐哈盆地重要的烃源岩和区域性的标志层；西山窑组三段（J_2x_3）、四段（J_2x_4）地层岩性相似，岩性均为浅灰色中细砂岩，含砾砂岩与泥岩互层，是目前发现的低饱和度油藏发育的主要储集层。

在砂层组的划分上，西山窑组三段、四段地层自上而下可细分为 5 套砂层组，单层厚度一般为 8.0~30.0m，多为不同期次辫状河三角洲前缘水下分流河道和河口坝沉积砂体叠置发育而成。

目前发现的台北凹陷西山窑组低饱和度油藏在各区域分布位置各不相同，红台构造带主要分布在上砂组（X1~X3），储层整体比较致密，岩石学类型为混合砂岩、长石岩屑砂岩，孔隙度分布在 5%~12%，渗透率一般为 0.005~5mD。孔喉半径一般小于 0.5μm，属于特低孔特低微细孔喉储层。

红台西山窑组低饱和度油气层位于油田目前主力 J2s 油层（红台 23 块）或者 J2x 上主力油层之下（红台 2 块），埋藏深度在 2600~3400m，油气水关系分布复杂，无自然产能，需压裂改造，产液性质为长期油气水同出。油藏总体上表现为低孔、特低渗、低含油饱和度，同时，不同期次的沉积砂体叠置沉积，造成层内及层间极强的非均质性和油气的"差异"聚集，形成了现今构造背景控制和经过改造调整的、纵向上受控于物性、平面上受控于相带的低饱和度油层（图 8-5-1）。

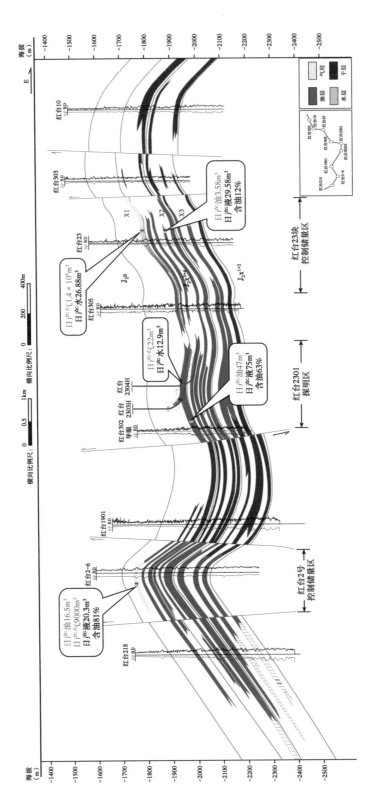

图 8-5-1　台北凹陷红台地区西山窑组低饱和度油层剖面图

二、低饱和度油层评价

受储层特征和产出性质的影响，红台低饱和度油层存在以下三个测井评价难点：

（1）油水分异不明显，流体性质判别困难，油水层识别难度大；

（2）储层复杂孔隙结构、油水并存，饱和度难以准确计算；

（3）含油饱和度低、改造后高返排率情况下才见油流，并且长期油水共出，同时在储层物性相当、电性相似条件下，但产液能力差别较大，效益开发下有效产层评价困难。

针对以上储层评价难点，确定了以饱和度评价和产水率预测为核心的技术对策：通过岩心刻度测井，重新厘定了储层分类标准、完善了饱和度模型；通过电法和非电法相结合的技术手段开展流体性质的判别；确立了红台构造带低饱和油层的下限标准；根据相渗实验和试油试采资料，建立了产水率预测模型和油水层的细分标准；精细解释低饱和度油层，有效指导射孔井段和完井方案的最终目的。

图 8-5-2 为以上述方法完成的解释实例，由图可知，右数第三道为含油饱和度计算结果，黄色填充部分为以阿尔奇公式计算的含油饱和度，蓝色线为基于中子孔隙度计算的束缚水饱和度曲线，若两者重合表明储层中无可动水或者少量，否则，储层中存在一定量的可动水。11 号层（2959~2968m）两条饱和度曲线出现了一定差异，含水饱和度为 45.8%，计算产水率为 59%，含有一定量的可动水，为 I 类油水同层，建议对该层试油。该层试油后，日产油 10.2m^3，日产水 15.4m^3，实际产水率为 60.2%，与测井解释一致。将原本笼统解释为油水同层、未予重视的层，进行测井二次精细解释发现了其工业价值。

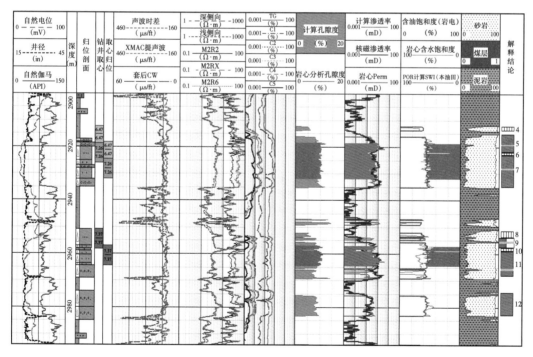

图 8-5-2 吐哈盆地 HT304 井低饱和度油层解释成果图

三、应用效果

1. 新井解释符合率

从 2015 年开始低饱和度油层测井技术攻关以来，研究成果及时应用于新井解释及老井复查中，有效地指导了生产。全面应用于 2015—2017 年间 48 口探井、评价井和重点开发井，测井解释符合率从早期的约 50% 稳步上升，最终稳定在 78.4%，极大地推动了低饱和度油层在吐哈油田台北凹陷油气勘探的进程，推动了红台和温吉桑构造带低饱和度油层的规模发现。

2. 老井复查增储作用

2016 年，将研究成果应用于老井复查中，红台构造带西山窑组低饱和油藏通过老井复查，在红台 2 号构造的红台 17 井、红台 2-6 井、红台 202 井等 7 口井获得试油获得了突破，成功将红台低饱和度油层由红台 3 号构造拓展到红台 2 号构造，红台 2 号西山窑组低饱和度油层新增控制含油面积 11.6km^2，石油预测地质储量 1003×10^{4}t，为红台低饱和度油层规模建产奠定良好基础。

2017 年，研究成果在台北凹陷鄯善弧形带老井复查中进一步取得了较好的应用效果，通过鄯善弧形带约 86 口井的老井复查，共提出复试建议 25 井层，采纳 14 井层，其中获得工业油流井 5 井层、低产油流井 7 井层（表 8-5-1）。

通过老井复查，先后在温吉桑地区先后发现了温 15 块西山窑组 X4 段油藏、温 13 块西山窑 X2-X3 段低饱和度油层和温 8 块三间房组 S4 油藏等四块油藏，共提交控制和探明石油地质储量共计 1472.32×10^{4}t。

表 8-5-1　2017 年台北凹陷鄯善弧形带老井复查试油成果表

井号	井段（m）	层系	复查结论	试油日期	试油结论	初期产液情况	目前产量 油（t）	目前产量 气（10^{4}m^3）	目前产量 水（m^3）	累产 油（t）	累产 气（10^{4}m^3）
温 15	3275.0~3278.0	J$_2$x	油层	2017.02	油层	压裂，日产油 5.90m^3，日产水 0.42m^3	3.95	0.08		794.1	6.6
温 1301		J$_2$x	油层	2017.05	油层	射孔，日产油 59.33t，含水率 4%，日产气 10901m^3	12.68	0.72		5282.7	40.6
温 1304		J$_2$x	油层	2018.04	油层	射孔，日产油 52.72t，含水率 2.4%，日产气 6319m^3	7.2	0.29		2822.25	15.7
温 2-5	2701.0~2713.0	J$_2$s	油层	2017.04	油层	射孔，日产液 53m^3，日产油 42t，含水率 3.1%，日产气 29692m^3	11.52	0.35		1131	103
温 2-8	3196.0~3238.0	J$_2$x	油层	2017.05	油水同层	压裂，最高日产液 73.99m^3，日产油 12t，含水率 80%，日产气 1700m^3	2.5	0.17	17.374	165.45	2.2
温 10-1	3295.7~3318.5	J$_2$x	油层	2017.05	油水同层	压裂，最高日产液 86m^3，日产油 11.25t，含水率 87%，日产气 585m^3	3.06	0.07	11.676	143	2.7
温 10	3375.0~3384.0	J$_2$x	油层	2017.05	油水同层	压裂，日产油 1.74t，日产水 17.56m^3，目前反排率 91%	1.9	0.07	17.487	正在返排	

续表

井号	井段（m）	层系	复查结论	试油日期	试油结论	初期产液情况	目前产量			累产	
							油（t）	气（10⁴m³）	水（m³）	油（t）	气（10⁴m³）
温 8-15	2699.4~2717.2	J₂s	油层	2017.03	含油水层	射孔，日产油 0.2t，日产水 21m³，日产气 100m³，含水率 99%				未生产	
温 2-27	3340.0~3372.0	J₂x	油水同层	2016.12	含油水层	压裂，日产油 1.75t，日产水 20.15m³，反排率 188%				未生产	
温气 806	3285.9~3295.1	J₂x	油层	2017.05	气水同层	射孔，日产气 1500m³，日产水 10m³	0	0.11	10		4.4
丘东 31	3215.0~3225.0	J₂x	气层	2017.03	气层	压裂，日产气 1.2×10⁴m³，日产油 1.2t，日产水 12.5m³	0.35	0.57		95	55
温西 3-5696	2436.5~2441.7	J₂s	油层	2017.01	油层	压裂，日产液 20m³，日产油 7t，含水率 57%	1.02	0.012	2.442	196	

第六节　塔里木盆地轮南地区侏罗系、
三叠系低饱和度油层评价

一、地质概况及油藏特征

塔里木油田低饱和度油气层主要分为原始低饱和度和水淹低饱和度两大类，前者为原始含油饱和度低，其发育于低幅度构造背景，后者为后期天然水淹造成的低饱和度。在勘探与开发早期，重点关注高饱和度油气层，对泥质含量重的边际储层、薄互储层及油水过渡带的低饱和度储层，未引起足够重视。油气田开发进入中后期阶段，应提高采收率的迫切需求，静态低饱和度油气层和动态中水淹层逐步引起开发专家与油藏工程师的高度重视。

轮南地区侏罗系和三叠系油气藏位于塔里木盆地塔北隆起中段，为古潜山背景下披覆构造形成的油气藏，构造活动，断裂发育。侏罗系储层岩性以粉砂岩为主，伴有少量的细砂岩，其中粉砂岩又包括泥质粉砂岩、含泥粉砂岩和粉砂岩，填隙物中黏土主要以绿泥石、伊利石、高岭石和伊/蒙混层的形式出现。主要发育水淹类低饱和度油层。

塔北隆起西部英买、玉东构造带，古近系、白垩系目的层构造幅度低、局部岩性细、泥质重，原始低饱和度油气层发育。英买 46 井区白垩系巴西改组自西向东发现 6 个油气藏（图 8-6-1），油气藏构造呈"西低东高"，流体呈"西油东气"的特征。6 个油气藏圈闭面积小，构造幅度低，面积最大 4.3km²，平均构造幅度只有 15m，属于典型的低幅度构造类型的原始低饱和度油层。英买 46 与玉东 7 储层岩性均以细砂岩为主，含有少量粉砂岩。储层碎屑组分以石英为主，杂基中泥质和方解石含量较高，储层致密，原始低饱和度油层较为发育。

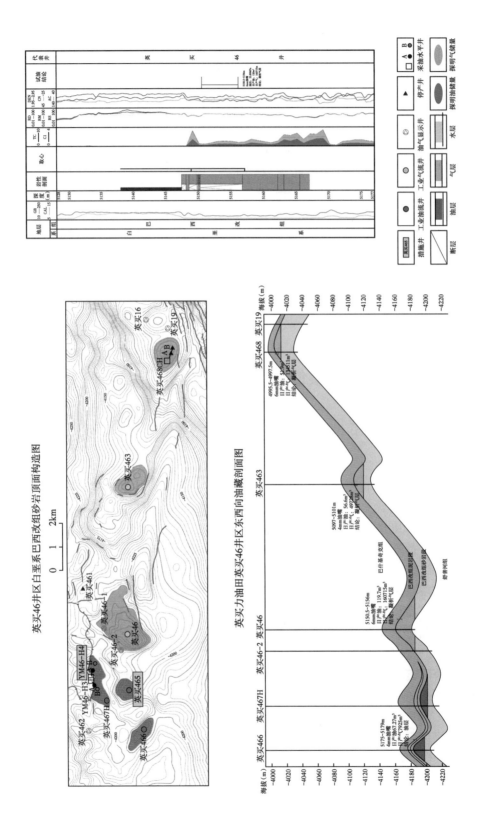

图 8-6-1 塔里木油田塔北隆起西部的低饱和度油层示意图

二、低饱和度油层评价

A 井是 2012 年完钻的一口开发井，主要目的层为三叠系，2016 年高含水，已关井。老油田综合治理时，采用低饱和度测井评价新技术进行重新精细评价，4836.4~4840.5m 井段原测井解释结论为油水同层，低饱和度新方法重新精细评价进行了细分，解释为 I 类同层 3.5m/2 层，II 类同层 6.5m/2 层，含油水层 3.5m/1 层（图 8-6-2）。2019 年 6 月补孔改层 4836.4~4840.5m 井段，折日产油 19m³，日产气 1×10⁴m³，日产水 60m³（图 8-6-3）。通过低饱和度油层评价技术的应用，发现了工业油流层。

B 井是 1997 年完钻的一口预探井，主要目的层为奥陶系碳酸盐岩储层，2017 年高含水关井。原测井解释 4421.5~4423.5m 井段为差油层，4427.0~4428.2m 为油水同层。老油田综合治理时，采用低饱和度测井评价新技术进行重新精细评价，在新近系吉迪克组解释差油层 1.0m/1 层，油层 2.5m/2 层，I 类油水同层 1.0m/1 层（图 8-6-4）。2019 年 7 月补孔改层 N_{1j} 组 4421.5~4423.5m 井段，折日产油 45m³，日产气超 7×10³m³，不产水（图 8-6-5）。

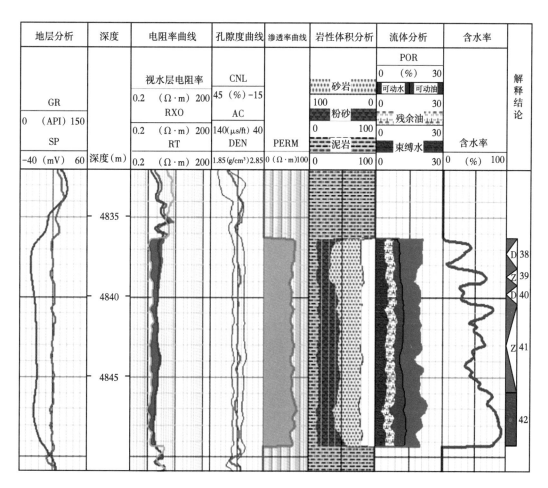

图 8-6-2 A 井测井复查处理成果图

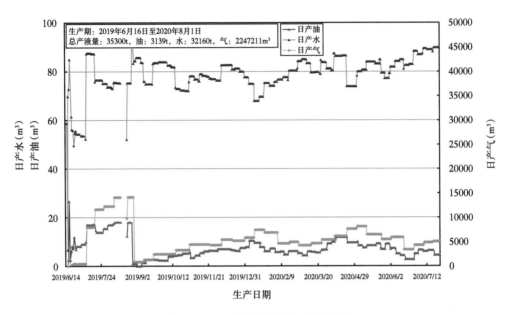

图 8-6-3　A 井措施补孔生产曲线图

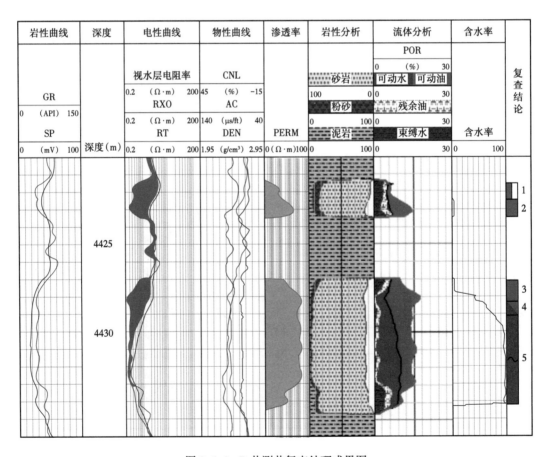

图 8-6-4　B 井测井复查处理成果图

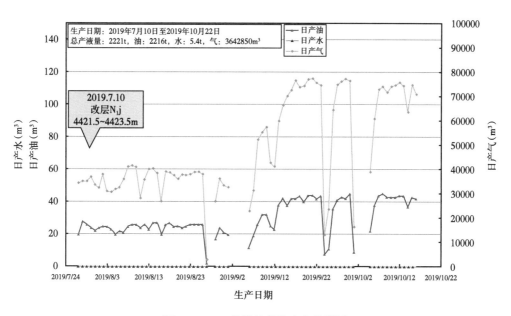

图 8-6-5　B 井措施补孔生产曲线图

三、应用效果

经过低饱和度剩余油测井评价与技术攻关，在塔里木油田低饱和度区块新钻井测井评价，老油田综合治理方面发挥了良好的效果。新钻井评价中，2018 年目标区新钻滚动开发井 20 井次，试油 69 层，56 层符合，测井解释符合率为 82.4%；2019 年目标区新钻滚动开发井 24 井次，试油 83 层，74 层符合，测井解释符合率为 89.1%；2020 年目标区新钻滚动开发井 20 井次，试油 81 层，72 层符合，测井解释符合率为 88.9%，符合率得到了稳步提升。

同时，为支持老油田综合治理，开展目标区块老井复查 206 井次，优选试油层位 46 层，采纳 13 个层位，其中已有 10 个层位措施增油，仅 2019 年累计增油超过 1×10^4t。增储上产方面，研究成果支撑轮南油田 TII_0 滚动开发区块新增探明石油地质储量 362.01×10^4t，溶解气 3.06×10^8m³ 上报；支撑英买 467 井区白垩系巴西改组薄砂层新增石油探明储量 504.67×10^4t，溶解气 7.07×10^8m³ 上报。

参 考 文 献

[1] 中国石油勘探与生产分公司.低阻油气藏测井识别评价方法与技术［M］.石油工业出版社，2006.

[2] 李国欣，欧阳健，周灿灿，等.中国石油低阻油层岩石物理研究与测井识别评价技术进展［J］.中国石油勘探，2006，11（2）：43-50.

[3] 刘国强，等.测井新技术应用方法与典型实例［M］.北京：科学出版社，2021.

[4] 刘国强，李长喜.陆相致密油岩石物理特征与测井评价方法［M］.北京：科学出版社，2019.

[5] 欧阳健，修立军，石玉江，等.测井低对比度油层饱和度评价与分布研究及其应用［J］.石油勘探与开发，2009（2）：38-52.

[6] 李潮流，袁超，李霞，等.致密砂岩电学各向异性测井评价与声电各向异性一致性分析［J］.中国石油勘探，2020，47（2）：427-434.

[7] 胡胜福，周灿灿，李霞，等.测井饱和度解释模型的演化历程分析与思考［J］.地球物理学进展，2017，32（5）：1992-1998.

[8] 任书莲.蠡县斜坡低饱和度油藏测井评价方法研究［D］.大庆：东北石油大学，2017.

[9] 任鹏，王伟锋，陈刚强.陆梁油田陆9井区呼一段低含油饱和度油藏特点及成因［J］.新疆石油地质，2018，39（3）：304-310.

[10] 付焱鑫，蔡喜东，赵嗣君，等.低饱和油藏渗流特征研究—以红台油田23块西山窑组油藏为例［J］.新疆石油天然气，2018，52（1）：77-83.

[11] 刘俊田，陈旋，季卫华，等.红台地区西山窑组低饱和度油气藏成因机理研究［J］.石油地质与工程，2017，31（4）：17-21.

[12] 李雪英，万乔升，王福霖，等.低饱和度油藏油水层解释方法—以新肇油田古628区块葡萄花油层为例［J］.地球物理学进展，2021，36（3）：1088-1094.

[13] 刘柏林，李治平，匡松远，等.低含油饱和度油藏油水渗流特征—以准噶尔盆地中部1区块为例［J］.油气地质与采收率，2007（1）：69-72.

[14] 许秀才.古龙凹陷葡萄花油层低饱和度油藏成因［J］.断块油气田，2017，24（3）：320-323.

[15] 周立宏，韩国猛，董晓伟，等.歧口凹陷埕海高斜坡低饱和度油藏形成机制与开发实践—以刘官庄油田馆陶组三段为例［J］.中国石油勘探，2021，26（1）：74-85.

[16] 金力钻，孙玉红，周文革，等.低电阻率砂岩油气层的测井饱和度计算新模型［J］.测井技术，2020，44（1）：55-60.

[17] 李霞，赵文智，周灿灿，等.低孔低渗碎屑岩储集层双孔隙饱和度模型［J］.石油勘探与开发，2012，39（1）：82-91.

[18] Hamada G M, Oraby M E, Abushanab M A. Integration of NMR with other open hole logs for improved porosity, permeability and capillary pressure of gas sand reservoirs［C］. SPE 119064, 2007.

[19] Hamada G M, AbuShanab M A. Petrophysical properties evaluation of tight gas sand reservoir using NMR and conventional openhole logs［J］. The Open Renewable Energy Journal, 2009, 2（1）：6-18.

[20] 石玉江，李高仁，周金昱.泥质型低渗砂岩储层岩电性质研究及饱和度模型的建立［J］.测井技术，2008，32（3）：203-206.

[21] HERRICK D C, KENNEDY W D.A new look at electrical conduction in porous media：a physical description of rock conductivity［C］.The SPWLA 50thAnnual Logging Symposium, 2009.

[22] 孙玉红，王建功，高淑梅，等.介电测井在二连地区的应用［J］.测井技术，2006，30（2）：158-160.

[23] 郭浩鹏，石玉江，王长胜，等.鄂尔多斯盆地延安组低对比度油藏饱和度分布模式与测井评价.测

井技术，2016，40（5）：556-563.

[24] 康清清，胡清龙，边立恩，等.塔里木库车地区低孔低渗储层测井饱和度方法研究[J].测井与射孔，2008，（2）：19-20，23.

[25] 胡勇，于兴河，陈恭洋，等.平均毛管压力函数分类及其在流体饱和度计算中的应用[J].石油勘探与开发，2012，39（6）：733-738.

[26] 赵毅，章成广，樊政军，等.塔河南油田低电阻油藏饱和度评价研究[J].岩性油气藏，2007，19（3）：97-100.

[27] 欧阳健.石油测井解释与储层描述[M].北京：石油工业出版社，1993.

[28] 于蓬勃.低含油饱和度油藏成因研究与开发实践—以辽河油田W38块东二段为例[J].油气藏评价与开发，2015，5（4）：38-41.

[29] 李卓，姜振学，李峰.塔里木盆地塔中16石炭系低含油饱和度油藏成因机理[J].地球科学（中国地质大学学报），2014，39（5）：557-564.

[30] 屈文强，薛小宝，王志坤，等.低含油饱和度油藏特征与成因—以鄂尔多斯盆地郝家坪西区长2油藏为例[J].新疆地质，2021，39（3）：456-460.

[31] 张华，康积伦，王兴刚，等.吐哈盆地台北凹陷低饱和度油藏特征及其成因[J].新疆石油地质，2020，41（6）：685-691.

[32] 陆云龙，崔云江，张建升，等.渤海新近系高束缚水低阻油层饱和度计算方法[J].石油地质与工程，2022，36（1）：72-77.

[33] 蔡军，曾少军，吴洪深，等.介电实验测量与饱和度模型建立及应用[J].测井技术，2016，40（2）：132-136.

[34] M Pirrone，N Bona.A Novel Approach Based on Dielectric Dispersion Measurements to Evaluate the Quality of Complex Shaly-sand Reservoirs[C]. SPE 147245, 2011.

[35] M. Hizem, H. Budan, B. Deville, et al. Dielectric Dispersion: A New Wireline Petrophysical Measurement[C]. SPE 116130, 2008.

[36] 赵培强，陈阵，李卫兵，等.鄂尔多斯盆地姬塬地区长2油藏低含油饱和度成因[J].断块油气藏，2015，22（3）：305-308.

[37] 刘超威，陈世加，姚宜同，等.基于介电测井和电阻率测井的致密砂岩储层饱和度联合反演方法[J].测井技术，2022，46（2）：174-181.

[38] 刘柏林.低含油饱和度油藏成因及渗流特征研究[D].北京：中国地质大学（北京），2008.